GÜNTER PRITSCH

Bienen—weide

220 TRACHTPFLANZEN ERKENNEN & BEWERTEN

MIT KOSMOS MEHR ENTDECKEN
EXTRA
Mit Blühzeiten-Tabellen
SEIT 1822

KOSMOS

Inhalt

4 Grundlagen der Bienenweide
6 Die Bedeutung der Bienenweide
6 Einflussfaktoren auf die Bienenweide
11 Bienenweidewert und Trachtbedeutung
13 Bienen und Blüten

24 Nutzung und Verbesserung der Bienenweide
26 Krautartige Pflanzen als Bienenweide
28 Gehölze als Bienenweide
31 Honigtauquellen als Bienenweide

Serradella eignet sich gut als Bestandteil von Bienenweidegemischen.

34 Pflanzenporträts
36 Amaryllisgewächse
40 Araliengewächse
41 Berberitzengewächse
43 Birkengewächse
44 Bittereschengewächse
45 Braunwurzgewächse
46 Buchengewächse
48 Buchsbaumgewächse
49 Dickblattgewächse
52 Doldengewächse
59 Eibengewächse
60 Eiskrautgewächse
61 Geißblattgewächse
68 Glockenblumengewächse
72 Grasbaumgewächse
74 Hahnenfußgewächse
85 Hartheugewächse
86 Hartriegelgewächse
87 Heidekrautgewächse
90 Hülsenfrüchtler
107 Hundsgiftgewächse
109 Kapuzinerkressengewächse
110 Knöterichgewächse
113 Kommelinengewächse
114 Korbblütengewächse
156 Kreuzblütengewächse
161 Kreuzdorngewächse
163 Kürbisgewächse
164 Liliengewächse
165 Lippenblütengewächse

176 Malvengewächse
182 Mohngewächse
185 Moschuskrautgewächse
186 Nachtkerzengewächse
189 Nachtschattengewächse
190 Nelkengewächse
191 Ölbaumgewächse
193 Ölweidengewächse
194 Raublattgewächse
198 Rautengewächse
200 Resedengewächse
201 Rosengewächse
222 Sauerkleegewächse
223 Schwertliliengewächse
225 Seidelbastgewächse
226 Seifenbaumgewächse
231 Spargelgewächse
237 Sperrkrautgewächse
239 Spinnenpflanzengewächse
240 Stachelbeergewächse
242 Steinbrechgewächse
243 Storchschnabelgewächse
244 Sumachgewächse
245 Trompetenbaumgewächse
246 Wasserblattgewächse
247 Wegerichgewächse
249 Weidengewächse
251 Weiderichgewächse
252 Weinrebengewächse
254 Windengewächse
255 Zeitlosengewächse

Auch Buchweizen lässt sich gut für Bienenweidemischungen verwenden.

256 Service
258 Bienenweide-Fließband Krautartige Pflanzen
268 Bienenweide-Fließband Gehölze
278 Nektarerzeugung von Bienenweidepflanzen
284 Ergebnisse aus Isolierversuchen
286 Honigtauerzeuger
288 Gehölze und die auf ihnen lebenden Honigtauerzeuger
294 Quellen
294 Zum Weiterlesen
295 Nützliche Adressen
296 Register
305 Impressum

Grundlagen der Bienenweide

DIE BEDEUTUNG DER BIENENWEIDE

Die Bienenweide ist die Ernährungsgrundlage der Bienen. Die Bienen tragen den Blütennektar, der vor allem in den als Nektarien bezeichneten Nektardrüsen der Blüten erzeugt wird, oder den durch Pflanzensauger abgesonderten Honigtau in ihrer Honigblase ein. Eine untergeordnete Rolle spielt extrafloraler Nektar, der bei einigen Gewächsen unabhängig und außerhalb von Blüten an Pflanzenteilen, wie Knospen oder Blattstielen, abgesondert werden kann. Durch Versetzen mit körpereigenen Stoffen und Wasserentzug bereiten und durch Einlagerung in den Wabenzellen bevorraten sie den Honig als Kohlenhydratnahrung. Der von den Staubgefäßen der Blüten gesammelte, mit Honigblaseninhalt angefeuchtete und in den „Körbchen" der Hinterbeine als Pollenhöschen eingetragene Blütenstaub ist die Eiweißnahrung der Bienen. Nektar und Pollen der insektenblütigen Pflanzen werden im Allgemeinen so dargeboten, dass der Insektenbesuch zur Blütenbestäubung führt. So besteht ein Wechselverhältnis zwischen Bienen und Pflanzen. Das nutzbare Massenangebot an Bienenweide wird als Tracht bezeichnet.

Pflanze (Weiße Waldrebe) und Biene sind aufeinander angewiesen: Die eine spendet Nahrung, die andere leistet dafür „Bestäubungsdienste".

LÜCKENLOSES TRACHTENFLIESSBAND

Eine gute Nektar- oder Honigtautracht ist die Grundlage für hohe Honigerträge. Eine ausreichende Pollenversorgung ist für die Erzeugung der Brut und damit für den ständigen Nachschub an jungen Bienen zur Erhaltung leistungsfähiger Bienenvölker notwendig. Sie ist gleichzeitig für die Anlage eines Eiweiß-Fettpolsters zur Überwinterungsfähigkeit der im Spätsommer und Herbst geschlüpften Arbeiterinnen erforderlich. Eine gute Bienenweide gewährleistet als Entwicklungstracht das Heranwachsen starker, ertrags- und bestäubungstüchtiger Bienenvölker und bildet als Massentracht die Grundlage für hohe Honigerträge. Die Bienenweide sollte den Bienenvölkern ununterbrochen als Trachtfließband zur Verfügung stehen. Zumal witterungsbedingt nicht in jedem Jahr alle Bienenweide voll nutzbar ist, sind bei den Imkern die zuverlässigsten Honigerträge zu erwarten, die für die Sicherung eines Trachtfließbandes gesorgt haben. Da Trachtlücken auch Brutrückschläge der Bienenvölker zur Folge haben können, ist es nicht nur im Sinne des Imkers, sondern auch des vorausschauenden landwirtschaftlichen oder gärtnerischen Anbaubetriebes, wenn durch ständiges Vorhandensein von Bienenweide die Leistungsfähigkeit der Bienen als Nektarsammler wie als Blütenbestäuber aufrechterhalten bleibt.

EINFLUSSFAKTOREN AUF DIE BIENENWEIDE

BODEN

Der Anbau und das Gedeihen der verschiedenen Bienenweidepflanzen setzen bestimmte Bodenverhältnisse voraus. Auch die Nektar- und Pollenspende der Pflanzen wird durch den Boden beeinflusst. Boden ist die oberste belebte Verwitterungsschicht der festen Erdrinde, die die Bewurzelung der Pflanzen ermöglicht und als Nährstoffquelle dient. Er besteht etwa je zur Hälfte aus festen Teilchen unterschiedlicher Größe und aus ebenfalls verschieden großen Hohlräumen, in denen sich die Bodenlösung – Wasser und darin gelöste Stoffe – und die Bodenluft befinden. In den meisten Böden, außer Moorböden, überwiegen die festen mineralischen Bestandteile gegenüber Anteilen an organischer Substanz. Diese wird als Humus bezeichnet und ist ein komplexes Gemisch lebender und abgestorbener Pflanzenteile und Tiere sowie neu gebildeter organischer Verbindungen (Huminsäuren). Im Boden befinden sich zahlreiche Bodenlebewesen, vor allem Mikroorganismen und niedere Tiere. Der Boden steht in ständigem Stoffaustausch besonders mit der Vegetation. Das Ausgangsmaterial für die landwirtschaftlich genutzten Böden bilden vor allem Löß, Geschiebemergel, Sande und Auenlehme. Mit dem Gebrauchswert des Bodens steigt auch die Qualität der angebauten Bienenweidepflanzen als Nektar- und Pollenspender.

DIE BODENEIGENSCHAFTEN Die Bodeneigenschaften werden weitgehend durch die Korngrößenzusammensetzung, den Mineralbestand und den Schichtenbau bestimmt. Je nach dem Gehalt an den Korngrößen Sand, Schluff und Ton werden Bodenarten unterschieden. **Sande, Anlehmsande, lehmige Sande und Tieflehme** zählen zu den leichten Böden. Reine Sandböden werden meist forstlich genutzt. Nur bei ausreichender Wasserversorgung sind sie landwirtschaftlich und gärtnerisch nutzbar. Anlehmsande können bei Vorkommen von Wildpflanzen in Roggen und Kartoffeln etwas Bienenweide aufweisen. Maisanbau kann Pollen und bei Befall mit Pflanzensaugern auch Honigtau bieten.
Unter den geeigneten Zwischenfruchtfutterpflanzen kommen als Bienenweide z. B. *Serradella*, Lupine (Pollenspender) und *Phacelia* in Betracht. **Tieflehme und lehmige Sande** sind bei Zufuhr von Wasser und Nährstoffen einschließlich organischer Substanz für fast alle Fruchtarten geeignet. **Sandige Lehme, Lehme und Lößböden** sind auf Grund eines hohen Wasser- und Nährstoffspeichervermögens und einer guten Wasserbeweglichkeit vielseitig nutzbar. Als mittlere Böden eignen sie sich zum Anbau aller Fruchtarten einschließlich aller Bienenweide-Nutzpflanzen wie Leguminosen und Raps sowie zum Obstanbau. **Tonige Lehm- und Tonböden** werden wegen ihrer schwierigen Bearbeitbarkeit als schwere Böden bezeichnet. Sie sind nährstoffreich, aber luftarm, vernässen leicht und erwärmen sich schwer. Auf schweren Böden werden bevorzugt Mähdruschfrüchte angebaut, darunter als Bienenweidepflanzen Ackerbohnen und Sonnenblumen.

PFLANZENNÄHRSTOFFE

Die Aufnahme von Pflanzennährstoffen ist Voraussetzung für das Leben der Pflanze. Aus Nährstoffen und Energie produziert die Pflanze die organische Masse. Nährstoffe sind die durch die Pflanze aufnehmbaren chemischen Verbindungen der Nährelemente. Zu den in größerer Menge benötigten Elementen gehören als die Grundbausteine aller organischen Verbindungen Kohlenstoff, Wasserstoff und Sauerstoff.
Einer der wichtigsten Pflanzennährstoffe ist **Stickstoff.** Der freie Luftstickstoff wird der Pflanze nur über die Tätigkeit von Bakterien einschließlich Knöllchenbakterien der Leguminosen und in geringem Maße aus den Niederschlägen zugänglich. Den größeren Teil nimmt die Pflanze in gelöster Form aus dem Boden auf. Stickstoff ist Bestandteil aller eiweißartigen und anderer Pflanzenstoffe wie Chlorophyll, Lecithin, Nukleinsäuren und Enzyme. Stickstoffmangel hat schwachen Wuchs, helle Farbe und Notreife zur Folge. Auch **Phosphor** ist ein Hauptwuchselement und findet sich im Sameneiweiß, in Nukleinsäuren, Nukleoproteiden, Lecithin usw. Er beeinflusst viele Lebensvorgänge wie Zellteilung, Atmung, Chlorophyllbildung und Betriebsstoffwechsel, ferner die Blüten- und Samenbildung und somit die Nutzbarkeit der Pflanze als Bienenweide.

Kalium befindet sich in der Pflanze an Stellen intensiver Stoffwechselprozesse, so im assimilierenden Gewebe bei Blüten und Früchten. Es wirkt auf die Assimilation (Angleichung der aufgenommenen Stoffe an die vorhandenen Stoffe in der Pflanzenzelle). Kalium erhöht den Zuckergehalt und hat somit einen maßgeblichen Einfluss auf die Nektarsekretion und -qualität, ferner auf die Eiweißbildung. **Kalzium** beeinflusst die Pflanze über die Bodenreaktion und ist mitverantwortlich für die Tätigkeit des Syntheseapparats. **Schwefel** ist als Bestandteil der Eiweiße unentbehrlich. **Chlor** hat durch Erhöhung des osmotischen Wertes einen günstigen Einfluss auf den Wasserhaushalt der Pflanze und somit auch auf die Nektarbildung. **Magnesium** ist ein wichtiger Baustein des Chlorophylls. Die Fotosynthese, im Zusammenhang damit auch die Nektarzuckerbildung, ist maßgebend von der Magnesiumversorgung der Pflanze abhängig. Magnesiummangel äußert sich in geringem Zucker- und Stärkegehalt der Pflanzen und führt zu Reifeverzögerung. **Eisen** wird zwar in nur geringer Menge benötigt, ist aber für die Chlorophyllbildung unentbehrlich. Zu den ebenfalls notwendigen Spurenelementen gehören **Mangan, Zink, Kupfer und Bor.**

KLIMA UND JAHRESWITTERUNG

TEMPERATUR

Unter den klimatischen Umweltfaktoren hat die Temperatur für die Pflanze die größte Bedeutung. In Wechselwirkung mit Licht, Luft und Wasser regelt sie die Tätigkeit der lebenden Pflanze von der Keimung bis zur Reife.

Eine gute Nährstoffversorgung beeinflusst Blütenbildung und Nektarproduktion (Holländische Linde).

Die Vegetationsverhältnisse entscheiden auch über die Anbaumöglichkeiten der verschiedenen Pflanzen. Durch den Temperaturverlauf wird der Entwicklungsrhythmus und damit die Blütezeit beeinflusst. So kommen die Bienenweidepflanzen im Norden unseres Landes, zum Beispiel der Raps, später zum Blühen, da das Seeklima niedrigere Frühjahrs- und Sommertemperaturen mit sich bringt. Da auch mit steigender Höhenlage die Temperaturen absinken – im Jahresmittel je 100 m um 0,5 °C –, trifft die Verzögerung der Blütezeit auch für Berglagen zu. Die abnehmenden Temperaturen bestimmen mit Verkürzung der Vegetationszeit schließlich die Höhengrenzen für den Anbau der einzelnen Kulturpflanzen einschließlich der Bienenweidegehölze.
Im Zusammenhang mit der Licht- und Kohlendioxidzufuhr wird auch die Assimilation der Pflanzen und damit die Nektarbildung der Blüten über die Temperatur beeinflusst. Das Temperaturoptimum liegt bei den verschiedenen Pflanzen zwischen 15 °C und 30 °C, im Allgemeinen bei 20 °C bis 25 °C. Vom Raps als der Pflanze des maritimen Klimas ist bekannt, dass er bereits bei Temperaturen um 15 °C Nektar absondert.

Die Goldrute „honigt" nach ausgiebigen Niederschlägen meist besonders gut.

STRAHLUNG

Die Sonnenstrahlung ist die Energiequelle der grünen Pflanzen. Große Teile dieser Strahlung werden von der Atmosphäre verschluckt. Die Lichtstrahlung, auf die etwa 50 % der Globalstrahlung entfallen, bewirkt den Grundvorgang der Assimilation. Daneben beeinflusst sie Bewegung, Formbildung und räumliche Anordnung der Organe.
Entscheidend sind sowohl Intensität als auch Dauer der Belichtung. Durch reichliche Belichtung werden Verzweigung, Blüten- und Fruchtbildung, Ausbildung von Geschmacks- und Inhaltsstoffen – auch die Nektarbildung –, die Verholzung und die Standfestigkeit der Pflanzen gefördert. Manche Pflanzen, die in der Nähe des Äquators beheimatet sind, kommen nur bei kurzer, weniger als 14 Stunden währender Tagesdauer zum Blühen (Kurztagspflanzen). Bei längerer Belichtung entwickeln sie ein üppiges Vegetationswachstum, ohne zu blühen. Das sind zum Beispiel Braunelle, Hanf, Kopfkohl, Mais, Tabak und Topinambur. Umgekehrt verhält es sich bei den Langtagspflanzen, die aus Gebieten längerer Tagesdauer (Europa, Nordasien) stammen. Hierher gehören zum Beispiel Lein, Möhren, Rotklee und Senf. Zwischen beiden Extremen liegen die tagneutralen Pflanzen wie Raps, Sonnenblume, *Phacelia* und Bauerntabak.
Auch gegenüber der Gesamtwirkung der Belichtungsverhältnisse verhalten sich die verschiedenen Pflanzenarten unterschiedlich. So bevorzugen Luzerne, Lupine und Zwiebel große Sonnenscheindauer. Sonnenliebende Pflanzen sind Götterbaum, Bartblume, Fingerhut und Tamariske. Schattenverträglich sind zum Beispiel Buchsbaum, Heckenkirsche, Mahonie und Wilder Wein.
Gute Lichtverhältnisse – also nicht zu trübes Wetter – wirken sich auf die Intensität des Bienenflugs günstig aus; die Tracht wird durch die Bienen besser genutzt.

WASSER

Das Wasser hat große Bedeutung für den Stoffwechsel der Pflanzen. Es ist zu 80–90 % in der Pflanze enthalten und gewährleistet Gewebespannung, Nährstoffaufnahme, Stofftransport und Wärmehaushalt. Das Wasser gelangt vorwiegend über die Nieder-

schläge, einschließlich Tau, und zum Teil aus dem Grundwasser zur Pflanze.
Die Wasserversorgung der Pflanzen beeinflusst ihren Wert als Bienenweide. Voraussetzung für eine reichliche Nektarspende ist zunächst die kräftige Entwicklung der Pflanzen auf Grund optimaler Nährstoffversorgung, ferner eine ausreichende Durchfeuchtung des Bodens.
Auch die Luftfeuchtigkeit spielt eine Rolle. Während die Nektarspende bei hoher Luftfeuchtigkeit sowie günstigen Temperatur- und Lichtverhältnissen hoch ist, versiegen die Nektarquellen bei austrocknenden Winden, besonders bei Pflanzen mit Blüten, deren Nektar frei liegt, zum Beispiel Raps. Häufige Niederschläge während der Blüte in Verbindung mit niedrigen Temperaturen und ungünstigen Lichtverhältnissen können die Tracht „verregnen" lassen.

KLIMATYPEN

Innerhalb unseres warm-gemäßigten Klimas können bestimmte Klimatypen unterschieden werden.

Bei Kälteeinbrüchen im Frühjahr bleiben die Trachten früh blühender Weiden oft ungenutzt.

Das maritime Klima der Küstenstreifen wird durch die ausgleichende Wirkung des Wassers bedingt. Die wichtigsten Kennzeichen sind langsame Erwärmung sowie weniger Frost- und Dürreschäden. Das führt zu späterem Blühbeginn, größerem Massenwuchs der Pflanzen und reichlicher Nektarspende. Der Zwischenfruchtanbau wird begünstigt. Die angebauten Bienenweidepflanzen der Küstengebiete sind Raps, Ackerbohne und Rotklee.
Im Gegensatz dazu steht **das kontinentale Klima**, von dem in gewissem Umfang die mittleren Gebiete beeinflusst werden. Der phänologische Hochsommer tritt früher ein. Der Massenwuchs der Pflanzen ist – bei höherem Gehalt an Trockenmasse, Eiweiß und Zucker – geringer. Blüte- und Erntezeit liegen früher. Der Zwischenfruchtanbau ist erschwert. In diesem Klima werden als Bienenweidepflanzen Luzerne, Lupine sowie zur Samengewinnung Zier-, Heil- und Gewürzpflanzen angebaut. An Gehölzen spielen hier Robinien und Linden eine Rolle.
Als höhenbedingtes Klima ist **das Gebirgsklima** zu bezeichnen. Mit steigender Höhenlage nimmt die Mitteltemperatur ab. Die Jahresschwankungen sind geringer. Die Niederschlagsmengen nehmen zu. Der Winter dauert länger an. In den Wäldern werden vor allem die Himbeertracht, unter günstigen Bedingungen auch die in den Höhenlagen besonders ergiebige Honigtautracht der Nadelgehölze genutzt.
In Hinblick auf die allgemeine Klimaerwärmung ist zu erwarten, dass sich die Blütezeiten vieler Pflanzen allmählich nach vorn verschieben.

WITTERUNGSEINFLÜSSE

Gegenüber dem Klima, das als statistischer Mittelwert des Witterungsablaufes vieler Jahre anzusehen ist, sind die Jahresschwankungen der einzelnen Klimawerte an ein und demselben Standort erheblich. Die Pflanzen reagieren auf die Witterungseinflüsse unterschiedlich. So haben auch die einzelnen Pflanzenarten in Jahren verschiedener Witterung

Bis in den Herbst hinein blüht die Besenheide und spendet Nahrung für die Bienen.

als Trachten unterschiedliche Bedeutung. Den größten Einfluss hat die Wärmeversorgung. In **Dürrejahren** können verschiedene Trachten wegen mangelhafter Pflanzen- und Blütenentwicklung ganz versagen oder infolge unzureichender Wasserversorgung des Bodens, verbunden mit geringer Luftfeuchtigkeit, nur wenig Nektar ergeben. Hingegen finden in trockenen Jahren die Pflanzensauger oft günstige Bedingungen, so dass Honigtauspende auftreten kann.

In **Nässejahren** hingegen kommt es zu üppigem Pflanzenwuchs und in Verbindung mit geringer Sonnenscheindauer zu geringer Blütenbildung. Nach reichlicher Wasserversorgung des Bodens und hoher Luftfeuchtigkeit kann es aber bei günstiger Witterung während der Blüte zu reichlicher Nektarerzeugung kommen. Das Heidekraut und die Goldrute honigen meist besonders gut nach vorangegangenen ergiebigen Niederschlägen.

Starke Kahlfröste oder lang anhaltende **verkrustete Schneedecke** können bei Raps zu Auswinterungsschäden führen. Trachtschädigungen sind bei einer Anzahl von Bienenweidepflanzen auch bei späten **Kälteeinbrüchen** zu erwarten. So können die Knospen zum Beispiel von Obstgehölzen und besonders von Robinien, seltener Linden, durch Spätfröste erfrieren und zu Trachtausfall führen. Frühe Trachten von Hasel und Weiden müssen bei Kälterückschlägen oft ungenutzt bleiben, da die Bienen bei niedrigen Temperaturen nicht ausfliegen. Aus diesem Grund ist besonders bei Weiden die Anpflanzung mehrerer hintereinander blühender Arten zu empfehlen.

BIENENWEIDEWERT UND TRACHTBEDEUTUNG

Der Bienenweidewert einer Pflanze gibt Auskunft über die Menge und Qualität von Nektar und Pollen, die den Bienen durch die Pflanzen geboten werden. Unter der Trachtbedeutung ist das Ergebnis der Wechselwirkung von Verbreitung (Anzahl) und Bienenweidewert der vorhandenen Pflanzen zu verstehen. So kann die Trachtbedeutung bestimmter Pflanzen trotz hoher Nektar- oder Pollenspende bei geringem Vorkommen niedrig sein, während andererseits Arten bei nur mäßigem Bienenweidewert, aber massenhaftem Vorkommen eine relativ hohe Trachtbedeutung erlangen können.

Zum Bestimmen des Bienenweidewerts und der Trachtbedeutung können unterschiedliche Methoden angewendet werden. Auf Grund der verschiedenen Umwelteinflüsse ist vor einer Verallgemeinerung der erzielten Ergebnisse die wiederholte Untersuchung möglichst an verschiedenen Standorten und nach verschiedenen Methoden empfehlenswert. Das trifft besonders für den Nektarwert zu.

NEKTARUNTERSUCHUNGEN

Die exakteste Methode zum Bestimmen des Bienenweidewerts von Nektarspendern ist die Untersuchung des Blütennektars, der durch Absaugen mit Hilfe von Kapillarröhrchen gewonnen werden kann. Wichtig für die Attraktivität der Pflanze für die Bienen ist der prozentuale Zuckergehalt des Nektars, selbstverständlich bedingt durch den Blütenbau auch dessen Erreichbarkeit. Häufig wird die Tagesproduktion einer Blüte nach Menge und Zuckergehalt des Nektars ermittelt und in Zuckerwerten ausgedrückt. Die Blütenanzahl je Pflanze und die Pflanzenanzahl je Flächeneinheit, ferner die Blühdauer der einzelnen Blüten sind jedoch artenbedingt sehr unterschiedlich. Deshalb wird häufig auch der theoretische Honigertrag je Hektar hochgerechnet.

In Tabelle 3 (ab Seite 278) sind die Ergebnisse von Nektaruntersuchungen vieler Autoren aus verschiedenen Ländern zusammengestellt. Wiedergegeben werden – soweit ermittelt – der Zuckergehalt des Nektars als Maßstab der Attraktivität sowie der errechnete Honigertrag je Hektar.

BEFLUGSBEOBACHTUNGEN

Eine weitere Möglichkeit zur Untersuchung des Bienenweidewertes ist die Beobachtung des Beflugs. Es kann der Beflug durch Nektar- und durch Pollensammler ermittelt werden. Dazu eignen sich besonders geschlossene Bestände von Nutzpflanzen, in denen auf einer oder mehreren abgesteckten Parzellen während der Blütezeit mehrmals täglich die Anzahl der zufällig angetroffenen oder in einem bestimmten Zeitraum anfliegenden Bienen gezählt wird. Daraus lässt sich der durchschnittliche Bienenbeflug je Hektar errechnen. Aus der Anzahl der von einzelnen beobachteten Bienen beflogenen Blüten je Zeiteinheit kann die Anzahl der von Bienen besuchten Blüten je Zeit- und Flächeneinheit errechnet werden.

Die Beflugsbeobachtung gibt mehr als jede andere Methode Auskunft über die Anziehungskraft, die der blühende Pflanzenbestand auf die Bienen ausübt. Sie besteht vor allem auf Grund des Nektar- und Pollenwertes, wird aber auch durch die Menge der vorhandenen Pflanzen, durch die Anzahl der Bienenvölker im Flugbereich und durch die Attraktivität gleichzeitig blühender Konkurrenzpflanzen beeinflusst.

POLLENANALYSEN

Die Untersuchung der von den Bienen eingetragenen und mittels Pollenfallen gewonnenen Pollenhöschen auf ihre Herkunft gibt Aufschluss über die Zusammensetzung der Pollentracht. Da jedes Bienenvolk bestimmte Pollenarten in unterschiedlichem Maße bevorzugt, ist es empfehlenswert, Pollenproben von mehreren Völkern zu untersuchen. Auch in den von Honigbienen eingetragenen Nektar und damit in den Honig gelangen gewisse Pollenmengen. Durch Zentrifugieren des verdünnten Honigs und Untersuchung des Sediments können die gequollenen Pollen nach ihrer Form bestimmt und prozentual ausgezählt werden. Je nach Pflanzenart finden sich jedoch sehr unterschiedliche Pollenmengen im Honig. So zählen zum Beispiel Raps- und Edelkastanienhonige zu den pollenreichen, Robinien-, Linden- und Luzernehonige zu den pollenarmen Honigen. Die vorwiegend in Ungarn geernteten Honige der Seidenpflanze *(Asclepias)* enthalten gar keine Pollen des Haupttrachtspenders. Folglich kann die prozentuale Pollenbestimmung in den zumeist gewonnenen Mischhonigen zu Fehlschlüssen führen. Unter Berücksichtigung des absoluten Pollengehalts der reinen Sortenhonige, der im Ergebnis von Auszählungen bei einer Anzahl bedeutender Bienenweidepflanzen bekannt

Besonders auffällige Blüten zeigen die beliebten Clematis-Hybriden.

ist, sind deshalb Korrekturen vorzunehmen, wenn die Analyse der Pollen im Honig zur Untersuchung der Trachtbedeutung herangezogen werden soll. Abgesehen von den Haupttrachten bevorzugen die Bienenvölker eines Standortes die verschiedenen Nebentrachten in unterschiedlichem Maße.

WAAGSTOCKBEOBACHTUNGEN

Die Waagstockbeobachtung gibt dem Imker Auskunft über die Gewichtsveränderung eines oder mehrerer Bienenvölker im Verlauf einer Tracht oder eines Zeitraums und lässt Rückschlüsse auf Honigertrag, Pollenvorrat und Veränderungen der Stärke des Bienenvolkes zu. Um die Beteiligung der verschiedenen Bienenweidepflanzen einschätzen zu können, sind auch deren Vorkommen und Blühverlauf zu ermitteln. Viele Imker üben die ehrenamtliche Funktion des Waagstockbeobachters aus und verbinden diese Tätigkeit mit phänologischen und Wetterbeobachtungen. Zunehmend kommen elektronische Stockwaagen zum Einsatz, die zusätzliche Daten zu Witterung und Stocktemperatur erfassen und via Internet automatisch an eine Zentrale weiterleiten. In Verbindung mit dem Ziel von Voraussagen können sich auch alle Interessierten an dem Blühphasen-Monitoring „TrachtNet" beteiligen.

BIENEN UND BLÜTEN

BAU DER BLÜTEN UND BESTÄUBUNGSMECHANISMEN

Die Blüten zahlreicher Pflanzen sind zu Blütenständen mit unterschiedlichem Aufbau vereinigt.

BLÜTENBAU

Die aus Kelchblättern, Blütenblättern, Staubblättern und Fruchtblättern bestehenden Blüten sind bei den verschiedenen Pflanzenfamilien unterschiedlich gebaut, während sich die Blüten innerhalb der Pflanzenfamilien meist ähneln.

Alle Samenpflanzen besitzen Blüten. Die Staubblätter der Blüten bestehen aus dem Staubfaden und dem Blütenstaub (Pollen) erzeugenden Staubbeutel. Die Fruchtblätter erzeugen die Samen. Sie sind bei den Bedecktsamern zu Fruchtknoten verwachsen. Der Fruchtknoten enthält einen oder mehrere Griffel. An dessen Ende befindet sich die unterschiedlich gestaltete, ein- oder mehrteilige Narbe.

BESTÄUBUNGSMECHANISMEN

Wie der Blütenbau, so ist auch die Vorrichtung der Blüte für ihre Bestäubung sehr unterschiedlich.

Unter Bestäubung versteht man die Übertragung von Pollen auf die Narbe als Voraussetzung für die Befruchtung. Manche Pflanzen können ohne Befruchtung Samen ausbilden, andere werden teilweise oder ausschließlich durch Selbstbestäubung befruchtet. Bei zahlreichen Pflanzen ist nur Fremdbestäubung – die Übertragung des Pollens von einer Blüte, Pflanze oder (bei Obst) einer anderen Sorte – erfolgreich. Die Fremdbestäubung erfolgt entweder durch den Wind (z. B. Haselnuss) oder durch Insekten. Insektenblüten sind häufig lebhaft gefärbt, auffällig gezeichnet oder sondern außer Nektar Duftstoffe ab und locken so die Insekten an. Unter den Bestäuberinsekten sind vor allem Bienen (Honigbienen und Wildbienen einschließlich der Hummeln) imstande, sich den verschiedenen Blütenformen anzupassen und die Blüten zu bestäuben. Einige Beispiele verschiedener Bestäubungsmechanismen werden im Folgenden beschrieben.

VERSCHIEDENE BLÜTENSTÄNDE BEI SAMENPFLANZEN

Bezeichnung	**Aufbau**	**Beispiel**
Traube	verlängerte Hauptachse, gestielte Blüten, unverzweigte Blütenstiele	Raps
Ähre	verlängerte Hauptachse, zahlreiche ungestielte Blüten	Wegerich
Kätzchen	ährenähnlich mit oft hängender Hauptachse	Haselnuss
Rispe	zusammengesetzte Traube; die der Hauptachse seitlich ansitzenden Seitenachsen sind mehrblütig und verzweigt	Rosskastanie
Dolde	oben verkürzte Hauptachse; die Blütenstiele entspringen einem Punkt	Kirsche
Doppeldolde	Dolde, bei der jede Seitenachse wiederum mit einer kleineren Dolde, dem Döldchen, endet	Möhre
Scheintraube	Traube, bei der die von unten nach oben aufeinanderfolgenden Blütenstiele kürzer werden, so dass die Blüten in einer Ebene liegen	Schleifenblume
Scheinrispe	Traube, bei der die Blüten in einer Ebene stehen	Eberesche
Kopf	zahlreiche Blüten, die ungestielt oder kurz gestielt gedrängt auf dem Boden der Hauptachse sitzen	Grasnelke
Korb	Kopf mit zahlreichen Blüten, die auf dem meist scheibenförmig verbreiterten Ende der Hauptachse, dem Korbboden, stehen und von Hüllblättern umgeben werden	Sonnenblume

Kreuzblütengewächse wie hier der Hederich zeigen relativ einfach gebaute Blüten.

Ein häufiger Vertreter der Hülsenfrüchter: der Weißklee

KREUZBLÜTENGEWÄCHSE (BRASSICACEAE)

Die Familie der Kreuzblütengewächse umfasst weltweit ca. 350 Gattungen. Viele Nutzpflanzen und Wildkräuter gehören ihr an. Die Blüte des Rapses mit seiner größten Trachtbedeutung möge als Beispiel dienen. Wie alle Kreuzblütengewächse besitzt die Rapsblüte vier Kelchblätter, die mit vier kreuzweise gestellten Blütenblättern abwechseln. Von den sechs Staubblättern sind zwei kürzer als die vier anderen. Der lang gestreckte Fruchtknoten trägt auf dem Griffel eine knopfförmige Narbe. Am Grunde der zwei kurzen und zwei Paar langen Staubgefäße befinden sich vier grüne Nektardrüsen (Nektarien). Nur die am Grunde der beiden kurzen Staubgefäße liegenden Nektarien sondern reichlich Nektar ab und werden von den Bienen genutzt.
Die Honigbiene setzt sich beim Anflug auf ein Blütenblatt und schiebt ihren Rüssel zwischen einem kurzen Staubgefäß und dem Stempel zum Nektarium vor. Dabei streift sie mit ihrer von anderen Blütenbesuchen her pollenbeladenen Stirn die Narbe und bestäubt diese. Während des Saugvorgangs streift die Biene mit ihrer Bauchseite von dem unter ihr befindlichen Staubgefäß Pollen ab. Danach kriecht sie über die Narbe hinweg auf die andere Seite der Blüte und bringt nun mit der Unterseite außer blütenfremdem auch blüteneigenen Pollen auf die Narbe. Während sie den Rüssel zum anderen Nektarium zwischen Fruchtknoten und kurzem Staubgefäß vorstreckt, streift ihre Stirn das zweite Staubgefäß und belädt sich aufs Neue mit Pollen, der nun auf die Narbe der nächsten Blüte übertragen werden kann. Zu den Kreuzblütengewächsen zählen auch Rübsen, Senf, Rettich, Ölrauke und die Kohlarten, unter den Zierpflanzen z. B. Gänsekresse, unter den Wildkräutern z. B. Hederich.

HÜLSENFRÜCHTLER (FABACEAE)

Zahlreiche Bienenweidepflanzen gehören dieser weltweit etwa 750 Gattungen umfassenden Pflanzenfamilie an. Charakteristisch für alle von ihnen ist die zweiseitig-symmetrische Blüte mit fünf Kronblättern. Das obere große Blatt ist die Fahne, die beiden seitlichen heißen Flügel. Die beiden unteren Blütenblätter sind im Allgemeinen zusammengewachsen und bilden das Schiffchen. Dieses umschließt Staubgefäße und Griffel, die oft zu einer

Aus den zahlreichen, einzeln stehenden Fruchtknoten entwickelt sich später die „Brombeere".

Röhre oder Säule verwachsen sind. Wenn sich eine Biene auf die Blüte setzt, betätigt sie eine Bestäubungsvorrichtung, die aus einer Klapp-, Schnell-, Pump- oder Bürstenvorrichtung bestehen kann.

Klappvorrichtung Sie ist der einfachste Bestäubungsmechanismus. Beim Niederdrücken des Schiffchens treten Stempel und Staubblätter daraus hervor und kommen mit der Unterseite des Insekts (z. B. des Kopfes) in Berührung. Blüten mit einer Klappvorrichtung haben Rot-, Weiß-, Schweden- und Inkarnatklee, Steinklee, Serradella und Esparsette.

Schnellvorrichtung Die zu einer Säule verwachsenen Staubblätter und der Stempel liegen wie eine Feder gespannt im Schiffchen, das durch zwei von den Flügeln ausgehenden Bügeln niedergehalten wird. Wenn ein Insekt beim Eindringen in die Blüte die Flügel hinunterdrückt, dann schnellt die Geschlechtssäule aus dem Schiffchen hervor, drückt gegen die Fahne und kommt dabei in enge Berührung mit der Körperunterseite des Insekts. Die ausgelöste Geschlechtssäule kehrt nicht wieder in die ursprüngliche Lage zurück. Blüten mit Schnellvorrichtung besitzen Luzerne, Gelbklee und Ginsterarten.

Pumpvorrichtung Hier schütten die Staubbeutel den Pollen im Inneren der Blüte aus; danach schwellen fünf der zehn Staubfäden keulenförmig an. Wenn nun eine Biene das Schiffchen der Blüte niederdrückt, pressen die Staubfäden wie der Kolben einer Pumpe einen Teil des klebrigen Pollens aus der Blüte hervor und beladen damit das Insekt an der Körperunterseite. Danach kehren die Blütenteile in die ursprüngliche Lage zurück. Wenn der blüteneigene Pollen herausgepumpt und abgeholt ist, wird die Narbe für Blütenstaub empfänglich und kann bei weiteren Blütenbesuchen durch mitgebrachten Fremdpollen bestäubt werden. Blüten mit Pumpvorrichtung weisen Hornklee, Lupinen und Hauhechel auf.

Bürstenvorrichtung Unter der Narbe befindet sich eine Griffelbürste, auf der die reifen Staubgefäße im Blüteninneren den Pollen abladen. Wenn eine Biene das Schiffchen der Blüte niederdrückt, tritt die Griffelbürste aus der Spitze des Schiffchens hervor und versieht die Körperunterseite des Insekts mit Pollen. Bei späteren Blütenbesuchen wird von der Biene mitgebrachter Blütenstaub mit der Bürste abgestreift. Schmetterlingsblüten mit

Bürsteneinrichtung haben Wicken, Ackerbohne, Platterbse, Robinie und Glyzine.

ROSENGEWÄCHSE (ROSACEAE)

Viele Bienenweidepflanzen gehören zu dieser Familie, die weltweit, vor allem auf der Nordhalbkugel, ca. 130 Gattungen umfasst. Ihre Blüten besitzen je fünf Kelch- und Blumenblätter. Am Beispiel von drei Obstarten sei der unterschiedliche Blütenbau von Kern- und Steinfrucht- sowie von Rosenartigen Gewächsen beschrieben.

Kernfruchtgewächse Der aus fünf Fruchtblättern bestehende Fruchtknoten ist mit dem Blütenboden verwachsen und wird deshalb als unterständig bezeichnet. Aus dem Blütenboden ragen fünf Griffel hervor. Um die Griffel stehen im Kreis etwa 20 Staubblätter. Zwischen Griffel und Staubfäden befindet sich eine ringförmige Nektardrüse. Insekten, die zum Nektar vordringen wollen, und Pollensammler kommen beim Blütenbesuch mit Narben und Staubgefäßen in Berührung. Zu den Kernobstgewächsen zählen Apfel, Birne, Weißdorn, Eberesche und Mispel.

Steinfruchtgewächse Der Fruchtknoten besteht aus nur einem Fruchtblatt. Er steht frei auf dem Grunde des becherförmigen Blütenbodens und heißt deshalb oberständig. Die Nektarien der Steinobstgewächse sind an der Innenwand des Blütenkelches verteilt. Insekten, die aus der Tiefe der Blüte den Nektar holen oder Pollen sammeln, kommen mit den zahlreichen Staubgefäßen sowie mit der Blütennarbe in Berührung und vollziehen die Bestäubung. Zu den Steinobstgewächsen zählen Kirschen, Pflaumen, Pfirsich und Aprikose.

Rosenartige Gewächse Zahlreiche aus je einem Fruchtblatt bestehende Fruchtknoten stehen frei oberständig auf dem Blütenboden. Zwischen den hervorragenden Griffeln und den ebenfalls zahlreichen Staubgefäßen befindet sich ringförmig das Nektarium. Auch hier kommen die Bienen beim Aufsuchen der Nektarien und beim Pollensammeln mit Staubgefäßen und Narben in enge Berührung und vollziehen die erforderliche Fremdbestäubung. Zu den Rosenartigen Gewächsen gehören Hagebutten- und Edelrosen, Himbeere, Brombeere, Erdbeere und die Fingerkräuter.

Wie Apfel und Birne zählt auch die Eberesche zu den Kernobstgewächsen.

KORBBLÜTENGEWÄCHSE (ASTERACEAE)

Weltweit bestehen ca. 350 Gattungen. Unter ihnen gibt es sehr viele Bienenweidepflanzen. Hier sind viele Einzelblüten zu einem Blütenkorb zusammengefasst. Sie blühen nacheinander von außen nach innen ab. Man unterscheidet Arten mit Zungen- und Röhrenblüten und solche, die nur Röhrenblüten oder nur Zungenblüten besitzen.

Zungen- und Röhrenblüten Als Beispiel sei die Blüte der Sonnenblume beschrieben. Abgesehen von den am Rande stehenden Zungen- oder Strahlenblüten, die nur dem Anlocken von Insekten dienen, haben die Einzelblüten eine röhrenförmige, unten kugelig erweiterte Blumenkrone, die oben in fünf Zipfel gespalten ist. Am Grunde der Erweiterung sitzen die Fäden der fünf Staubblätter, die zu einer Röhre verwachsen sind. Durch diese schiebt sich der Griffel, dessen beide Narbenäste eng beieinanderliegen. Danach öffnen sich die Staubbeutel nach innen, so dass die

Die Sonnenblumenblüte: Röhrenblüten, umgeben von einem „strahlenden" Kranz Zungenblüten.

Das Blütenkörbchen des Löwenzahns setzt sich nur aus Zungenblüten zusammen.

Röhre mit Pollen angefüllt ist. Der emporwachsende Griffel dringt wie ein Kolben in der Staubbeutelröhre vor und schiebt den Pollen vor sich her. Nun öffnet sich die Blütenkrone. Der Griffel hebt die Staubbeutelröhre heraus und drängt den Pollen aus ihr hervor. An einer wulstförmigen Verdickung am Grunde des Griffels wird Nektar abgesondert, der den unteren Teil der Blütenröhre füllt. Beim Besuch der Blüten durch Insekten wird Pollen mit der Körperunterseite abgestreift. Wenn der Blütenstaub abgeholt ist, spreizen die Äste der Narbe auseinander, die nun durch Nektarsammler mit Pollen der noch im männlichen Stadium befindlichen Nachbarblüten derselben Pflanze oder anderer Pflanzen bestäubt wird. Weitere Vertreter der Korbblütengruppe mit Zungen- und Röhrenblüten sind Topinambur, Goldrute, Pestwurz, Huflattich, Sonnenhut, Astern und Dahlien.

Röhrenblüten Die Blüten am Rand des Blütenkorbes sind trichterförmig erweitert und dienen nur der Anlockung von Insekten. Bei den übrigen Röhrenblüten entleeren die Staubbeutel ihren Pollen in die Staubfadenröhren. Wenn ein Insekt einen Staubfaden berührt, verkürzt sich die reizbare Staubfadenröhre, und der in ihr lagernde Pollen wird durch den Griffel ins Freie gedrückt. Später spreizen die Narbenäste auseinander und werden empfängnisfähig für Pollen anderer Blüten. Zur Gruppe der röhrenblütigen Korbblütengewächse gehören Kornblume, Flockenblume, Disteln und Kletten.

Zungenblüten Die Körbchen haben nur Zungenblüten aufzuweisen. Sie besitzen im Gegensatz zu den Strahlenblüten der Sonnenblume im röhrenförmigen unteren Teil Staubblätter und einen entwickelten Stempel. Der Fruchtknoten setzt sich in einem Stielchen fort, das außer der Blumenkrone eine Federkrone trägt. Diese hat die Aufgabe, später die Frucht mit Hilfe des Windes davonzutragen. Zur Gruppe mit zungenförmigen Blüten gehören Löwenzahn, Huflattich, Wegwarte und die Habichtskräuter.

LIPPENBLÜTENGEWÄCHSE (LAMIACEAE)

Zu dieser weltweit etwa 200 Gattungen umfassenden Familie gehören zahlreiche wertvolle Bienenweidepflanzen, vor allem Nektarspender. Wegen ihres Gehalts an ätherischen Ölen finden viele von ihnen Verwendung als Küchenkräuter, Arzneipflanzen oder Grundstoff für Parfüme.

Ein bekannter Vertreter dieser Pflanzenfamilie ist der Salbei. Blütenkelch und Blütenkrone sind zweiseitig-symmetrisch. Der untere Teil der fünfblättrigen Blütenkrone ist zu einer Röhre verwachsen. Der zweiblättrige Fruchtknoten ist oberständig. Sein drüsiger Sockel ist das Nektarium. Die Hinterwand der Blütenröhre geht in die helmförmige Oberlippe über. Sie bedeckt zwei Staubblätter und den Griffel. Die Vorderwand der Blütenröhre geht in die herzförmige Unterlippe über. Diese bietet den Insekten, meist Bienen, einschließlich Hummeln, Anflugsmöglichkeit und Sitzfläche. Die vier Staubblätter, davon zwei verkümmerte in der Unterlippe, stehen mit Platten in Verbindung. Nektar suchende Insekten kommen zuerst mit der hervorragenden Narbe in Berührung, drängen dann die den Blüteneingang versperrenden Platten beiseite und setzen damit einen Hebelmechanismus in Bewegung. Die zwei fruchtbaren Staubbeutel werden auf den Rücken des Insekts gedrückt und entleeren nach unten den Pollen. Wenn der Pollen abgeholt ist, wird die Narbe durch Öffnen der Äste für die von weiteren Insekten mitgebrachten fremden Pollen empfängnisfähig.

GRENZEN DER ANPASSUNG

Die Honigbiene kann die Blüten zahlreicher weiterer Pflanzenfamilien als Blütenbestäuberin sowie zum Gewinnen von Nektar und Pollen besuchen. Ihrer großen Anpassungsfähigkeit sind jedoch Grenzen gesetzt. So wird die bestäubende Honigbiene beim Auslösen der Schnellvorrichtung der Luzerne eingeklemmt

Die Blüten des Lavendel sind typische Lippenblüten.

und kann sich nur mit Mühe wieder befreien. Nach einer Anzahl von Blütenbesuchen lernt sie es, den Nektar durch seitliches Einschieben des Rüssels zu entnehmen, ohne den Bestäubungsmechanismus unmittelbar auszulösen. Im Ergebnis von Käfigversuchen und zahlreicher Ertragsermittlungen wurde jedoch nachgewiesen, dass die Honigbiene allein durch die Häufigkeit der Blütenbesuche ein leichteres Auslösen der Blütenmechanismen – zum Beispiel bei gegenseitigem Berühren der Pflanzen infolge Windbewegung – bewirken und damit auch bei Luzerne entscheidend zur Steigerung der Samenerträge beitragen kann. Eine Anzahl von Pflanzenarten wird von Bienen nicht beflogen, da der Nektar wegen einer zu langen Blütenröhre nicht erreichbar ist (zum Beispiel Waldgeißblatt).

UMWEGE ZUM NEKTAR

Bei einigen Pflanzenarten wie Winterwicke und Rotklee ist der Bestäubungsmechanismus leicht, der Nektar für manche Honigbienenherkünfte wie die Unterart *Apis mellifera mellifera* wegen der Blütenröhrenlänge schwerer erreichbar. Hier beißen kurzrüsselige Hummeln, vor allem Erdhummeln, die Blütenröhren seitlich oberhalb des Kelches an, um durch die Bissöffnung den Nektar zu entnehmen. Honigbienen auch kurzrüsseliger Herkünfte besitzen nicht den Trieb, Blüten anzubeißen, nutzen jedoch Hummelbisslöcher, um ebenfalls auf bequemere Weise zum Nektar zu gelangen. Auf Grund der Züchtung vorwiegend langrüsseliger Bienen sind seitliche Blütenbesuche durch Honigbienen nur noch selten zu beobachten.

Durch den Einsatz von Honigbienen können beim Raps Ertrags- und Qualitätssteigerungen erreicht werden.

Bei Winterwicken lernen es manche Bienen, auch in nicht angebissene Blüten ihren Rüssel seitlich zwischen die Blütenblätter zu schieben und zum Nektar zu gelangen, ohne die Blütenröhre zu beschädigen. Die Mehrzahl der Honigbienen führt bestäubende Blütenbesuche durch.

DIE BEDEUTUNG DER BIENEN ALS BLÜTENBESTÄUBER

Erträge und Qualität vieler Nutzpflanzen, besonders der Obstgewächse, Ölfrüchte sowie die Samenerträge einer Anzahl von kleeartigen Futterpflanzen sind stark von der Blütenbestäubung durch Insekten abhängig oder werden durch Insektenbestäubung wesentlich gesteigert.

WILDINSEKTEN

Unter den vielen Insekten kommen als wesentliche Blütenbestäuber nur wenige, vor allem die Bienenarten, zu denen auch die Hummeln gehören, ferner die Schwebfliegen, in Betracht. Sie besitzen ein dichtes, aus Chitinfiederhaar bestehendes Haarkleid, in dem der Pollen leicht haften bleibt und auf andere Blüten übertragen werden kann. Ihre Ernährungsweise ist auf Nektar bzw. Honig und auf Pollen eingestellt, die sie zu regelmäßigen Blütenbesuchen veranlasst. Die Bestände der wild lebenden Nutzinsekten sind in Abhängigkeit landwirtschaftlicher Maßnahmen unterschiedlich. Zudem schwankt ihr Auftreten witterungsbedingt von Jahr zu Jahr. Selbst unter guten Entwicklungsbedingungen reicht die Anzahl von Wildinsekten für eine optimale Blütenbestäubung größerer Flächen und bei Fruchtwechsel meist nicht aus. Man sollte sich deshalb auf die Bestäubung unserer Nutzpflanzenkulturen durch Wildinsekten nicht verlassen, sondern ihr Vorkommen als willkommene Beigabe ansehen.

HONIGBIENEN

Den Anforderungen eines konzentrierten Einsatzes wird hingegen die Honigbiene gerecht. Auf Grund ihrer Haltungsweise sind Honigbienenvölker transportabel und können termingerecht eingesetzt werden. Zudem besitzt die Honigbiene weitere für die Blütenbestäubung günstige Eigenschaften, auf Grund derer ihr unter allen Insekten die größte Bedeutung als Blütenbestäuber zukommt.

- Honigbienen überwintern als ganze Völker mit 5000 bis 20000 Individuen und sind deshalb im Frühjahr zur Zeit der Obst- und Rapsblüte schon in großer Anzahl vorhanden. Alle anderen bestäubenden Insekten überwintern als Einzeltiere. Sofern sie Kolonien bilden – wie Hummeln –, müssen sie im Frühjahr erst mit dem Aufbau eines Nestes beginnen.
- Da Honigbienen als Völker überwintern und keinen Winterschlaf halten, müssen sie sich Vorräte an Honig und Pollen schaffen. Ihr Sammeleifer ist deshalb groß und veranlasst sie zu zahlreichen Blütenbesuchen.
- Honigbienen sind weitgehend blütenstet, d. h., die einzelne Biene befliegt so lange die Blüten nur einer Pflanzenart, wie ihr deren Ausbeute als lohnend erscheint. Für die Obstblütenbestäubung ist von Bedeutung, dass die Honigbiene arten-, jedoch nicht sortenstet ist und deshalb die erwünschte Fremdbestäubung zwischen Sorten einer Obstart durchführen kann.
- Auf Grund ihrer relativ hohen Anpassungsfähigkeit an die unterschiedlichsten Blütenformen können Honigbienen zur Blütenbestäubung der verschiedensten Pflanzenarten eingesetzt werden.
- Durch ihre Tanzsprache können sich Honigbienen – z. B. bei Bestäubungseinsatz in Verbindung mit einer Wanderung – über eine von wenigen Kundschafterbienen entdeckte Trachtquelle schnell verständigen. Man kann Bienenvölker deshalb kurzfristig zur Bestäubung einsetzen.

ABHÄNGIGKEIT DER NUTZPFLANZEN VON DER FREMDBESTÄUBUNG

Seit Jahrzehnten werden von Wissenschaftlern und Praktikern Untersuchungen und Beobachtungen über die Abhängigkeit der verschiedenen Nutzpflanzenarten von der Blütenbestäubung durch Insekten durchgeführt. Dabei wurden verschiedene Methoden angewendet. Grundlage waren Beobachtungsergebnisse über die Samenertragsunterschiede bei Anwesenheit oder Nichtvorhandensein von Bienenvölkern.

ISOLIERVERSUCHE

Die meisten Versuche beziehen sich auf den Ertragsvergleich zwischen isolierten und frei abgeblühten bzw. unter Käfigen mit und ohne Bienen abgeblühten Pflanzen oder Pflanzenteilen. Zum Teil wurde weitmaschige Drahtgaze verwendet, die es kleineren Wildinsekten als Honigbienen ermöglichte, durch die Maschen der Gaze zu den überkäfigten Pflanzen zu gelangen, womit noch abgegrenzter die ertragssteigernde Wirkung der Honigbienen gegenüber Wildinsekten erfasst werden konnte. Bei Isolierversuchen werden unter den Käfigen – besonders bei Pflanzenarten mit langen Blütezeiten – ungünstige kleinklimatische Faktoren, wie Mangel an Licht und Luftbewegung, wirksam. Deshalb hat dort der Vergleich zwischen den Erträgen mit und ohne Honigbienen die größte Aussagekraft.

Die Versuchsergebnisse (Tabelle 4 auf Seite 284) zeigen, dass bei Pflanzen, die frei abblühen konnten, und solchen mit Honigbienen unter Käfigen die Erträge am höchsten waren. Bei Ausschluss der Honigbienen, aber freiem Zugang für kleinere Insekten sind die Erträge deutlich niedriger. Die geringsten Erträge ergaben sich bei Ausschluss aller Insekten. Die Ergebnisse aus Isolierversuchen werden erhärtet durch zahlreiche Belege über das Absinken der Erträge bei zunehmender Entfernung der zu bestäubenden Pflanzenbestände von Bienenständen. Sie unterstreichen die Empfehlung, Bienenvölker möglichst nahe an die zu bestäubenden Kulturen zu bringen.

Isolierversuche bestätigen die Bedeutung von Honigbienen für die Bestäubung von Nutzpflanzen. Hier werden Bienenvölker zur Blütenbestäubung bei Rotklee eingesetzt.

Aus allen Ergebnissen ist der Schluss zu ziehen, dass zahlreiche Nutzpflanzen, zu denen auch Heil-, Gewürz- und Zierpflanzen zu zählen sind, der Fremdbestäubung durch Insekten bedürfen. Die Erträge einer Anzahl von Nutzpflanzen wie Rotklee und mehrerer Obstarten sind von der Fremdbestäubung ganz abhängig. Zahlreiche andere Arten wie z. B. Raps, die selbstfertil sind, erfahren durch Fremdbestäubung Ertrags- und Qualitätssteigerungen.

LANDWIRTSCHAFT UND IMKEREI

Um optimale Hektarerträge zu sichern, ist es deshalb empfehlenswert, auf Grund von Vereinbarungen zwischen Landwirten oder Obstbauern und Imkern Bienenvölker zur Blütenbestäubung einzusetzen.
Auf der Basis der wissenschaftlichen Erkenntnisse und praktischen Erfahrungen gibt es weltweit Empfehlungen zum Einsatz von Bienenvölkern zur Steigerung der Obst-, Ölfrucht- und Samenerträge. In verschiedenen Ländern bestehen Einrichtungen, die den Bestäubungseinsatz zwischen wanderbereiten Imkern und Anbaubetrieben vermitteln.
Im Allgemeinen erhält der Imker Entgelte für den Bestäubungseinsatz oder Transporthilfe. Bei der Höhe der Vergütung spielen Abhängigkeit der Pflanzenart von der Bestäubung durch Honigbienen und Bienenweidewert eine wesentliche Rolle.

Bienenstöcke auf einer vollautomatischen elektronischen Stockwaage, die die Daten per Internet an ein Bieneninstitut übermittelt.

BIENENWEIDEGEMISCHE

Viele Bienenweidepflanzen eignen sich für Saatgutmischungen zur Begrünung von Wildäckern, Brachen, Stilllegungsflächen und Ackerrandstreifen. Sie dienen der Humusbildung, Bodenbeschattung und Förderung der Kleinlebewesen als Beitrag zur Erhaltung der Bodengare. Ihre artenreichen Blüten gestalten die Agrarlandschaft bunter sowie lebenswerter und erhöhen mit ihrer Vielfalt deren kulturellen Wert. In der strukturarmen Landschaft dienen sie zudem als Rückzugsgebiet für Niederwild und Bodenbrüter. Vor allem aber verbessern sie mit ihren unterschiedlichen Blühzeiten das Nahrungsangebot nicht nur für Honigbienen, besonders bei der Brutpflege im Spätsommer; neben Feldrainen, Weg- und Waldrändern bilden sie überhaupt die ökologische Lebensgrundlage vieler als Blütenbestäuber nützlicher Insektenarten wie Hummeln, solitäre Bienen und Schwebfliegen, die selbst bei Nektar und Pollen spendenden Nutzpflanzen auf Grund der jährlich über weite Entfernungen wechselnden Schläge den Kulturen nicht problemlos folgen können.
Von bienenkundlichen Instituten und anderen Einrichtungen wurden für unterschiedliche Anbaubedingungen und Anwendungsformen – ein- oder mehrjährig – verschiedene Saatgutmischungen entwickelt, die bis zu 40 unterschiedliche Nutz- und Wildpflanzen enthalten wie Borretsch, Buchweizen, Dill, Dost, Esparsette, Malven, Kleearten, *Phacelia* und Sonnenblumen. Die Mischungen werden im Saatgut- und Imkerhandel angeboten.

Nutzung und Verbesserung der Bienenweide

KRAUTARTIGE PFLANZEN ALS BIENENWEIDE

NUTZPFLANZEN

Ein beachtlicher Teil unserer Honigerträge wird durch die Nutzung der Trachten landwirtschaftlicher und gartenbaulicher Kulturen gewährleistet und gewonnen. Die Anzahl der als Bienenweide in Betracht kommenden Nutzpflanzen ist groß, doch beschränken sich die tatsächlich vorhandenen Massentrachten auf nur wenige Arten.
Infolge intensiver Bodenbearbeitung und der Anwendung selektiv wirkender Herbizide wurden die Wildkräuter aus den Kulturen häufig verdrängt und haben ihre Bedeutung als zuverlässige Trachten weitgehend verloren. Ihr Vorkommen hängt von der Intensität der Behandlungsmaßnahmen ab. Unter den zahlreichen Ackerkräutern sind vor allem die Kornblume und der Ackersenf, auf leichteren Böden der Hederich zu nennen. Auf schwereren Böden findet man Distelarten, Kamille und Vogelmiere, in überwinternden Fruchtkulturen Rote Taubnessel. Sie werden gut beflogen und können unter günstigen Bedingungen eine Tracht ergeben.
Im Zusammenhang mit Pflanzenschutzmaßnahmen, die in Kulturen durchgeführt werden, können blühende Wildkräuter eine Gefahrenquelle für die Bienen sein. Es ist zwar unzulässig, bienengefährliche Pflanzenschutzmittel anzuwenden, solange Wildkräuter blühen, doch zuweilen erfolgt deren vollständige Beseitigung vor einer Behandlung nicht.

MASSENTRACHTEN

Recht zuverlässig und ergiebig ist die Tracht des Winterrapses. Auch die Trachten weiterer Ölfrüchte wie Sommerraps, Winter- und Sommerrübsen, Senf, Ölrettich und Sonnenblume können Honigerträge bringen. Eine Anzahl von Futterpflanzen ergibt im Rahmen der Saatguterzeugung Trachtflächen. So ist der Saatbau von Rotklee als einer der wichtigsten Futterpflanzen verbreitet, ferner der

Ackerkräuter wie die Kornblume werden durch den Einsatz von Herbiziden immer seltener und gehen für die Bienen als Pollen- und Nektarspender verloren.

von Winterwicke, Serradella, Weißklee und Luzerne, vereinzelt auch von *Phacelia* und Steinklee. Auf sehr leichten Böden kommt gebietsweise Buchweizen zum Anbau. Im Gartenbau werden Gurken und Kürbis sowie Dill von Bienen besucht. Als Körner werden Fenchel, Kümmel und Koriander gewonnen. Viele Gemüsearten wie alle Kohlarten einschließlich Kohlrüben und Rettich sowie Zwiebeln werden stellenweise auch zur Samengewinnung angebaut. Hinzu kommt in geringem Umfang die Saatguterzeugung von Heil- und Gewürzpflanzen. Im Allgemeinen muss der Imker die vorhandenen Trachten anwandern, wenn sie nicht zufällig im Flugbereich seiner Bienen liegen.

Allerdings bieten sich dem Landwirt vielfältige Möglichkeiten, durch bevorzugte Verwendung von Bienenweidepflanzen im Zwischenfruchtanbau oder durch Aussaat von *Phacelia* oder Steinklee auf Restflächen Trachtlücken zu schließen und damit auch im eigenen Interesse vorausschauend zur Erhaltung starker, bestäubungstüchtiger Bienenvölker entscheidend beizutragen.

WILDKRÄUTER

Außer den Ackerkräutern gibt es zahlreiche Wildpflanzen auf Wiesen und Weiden sowie an Weg- und Waldrändern. Artenzusammensetzung und Häufigkeit können je nach den Boden-, Klima- und Feuchtigkeitsverhältnissen, bei Wiesen und Weiden auch nach der Düngung und den Schnittterminen, sehr unterschiedlich sein. Zu nennen sind besonders Löwenzahn, Natternkopf, Ochsenzunge, Ehrenpreis, Kerbel, Bärenklau, Wilde Möhre, Flockenblume, Klee- und Wickenarten, ferner Knöterich, Wegwarte, Storchschnabel, Wiesenraute, Salbei und Thymian, an Böschungen und auf Ödland die Goldrute, auf Kahlschlägen und Lichtungen das Weidenröschen, in Büschen und Hainen das Windröschen, an feuchten Standorten Kohldistel, Wasserdost und Bastardklee.

Ein Anwandern an diese Trachten wird sich nur im Zusammenhang mit der Trachtnutzung einer landwirtschaftlichen Kultur lohnen oder wenn der Imker vom ausreichenden Vorhandensein der Wildkräuter überzeugt ist.

Schneeglöckchen – erste Blüten im zeitigen Frühjahr

GARTENSTAUDEN UND EINJAHRSBLUMEN

Die Mehrzahl der Bienenstände befindet sich in Gärten. Obwohl die Bienenweide eines Gartengrundstücks den Honigertrag kaum beeinflussen kann, wird jeder Imker bemüht sein, möglichst viele Nektar und vor allem Pollen spendende Gewächse in unmittelbarer Nähe zu haben. Groß ist die Bedeutung des Pollens für die Frühjahrsentwicklung der Bienenvölker. Nicht weniger wichtig sind für die gesunde Überwinterung der Bienenvölker die zahlreichen Herbstpollenspender. Ein Sortiment wertvoller und zudem schöner Bienenweidepflanzen, auch als Geschenk, kann Nachbarn und Freunden gute Anregungen geben. Die Auswahl der Stauden, Zwiebelgewächse und Einjahrsblumen ist groß. Alle stammen von Wildpflanzen ab, werden aber seit Jahrzehnten oder gar Jahrhunderten züchterisch bearbeitet. Viele von ihnen, darunter Nutzpflanzen, kommen deshalb auch in unserer Wildpflanzenflora als Bienenweide vor. Empfehlenswert ist die bevorzugte Verwendung der Stauden und Zwiebelgewächse. Sie sind mehrjährig und lassen sich durch Teilung, Wurzelschnittlinge oder -risslinge, Stecklinge, Brutzwiebeln oder Samen vielfältig vermehren.

Nutzpflanzen – hier grenzt ein Rapsfeld an eine Apfelplantage – können Massentrachten liefern.

AUSWAHL DER PFLANZEN

Bei der Auswahl der Pflanzen mit ihrem unterschiedlichen Wuchs- und Blühcharakter sind neben den Platzverhältnissen auch die Bodenbedingungen zu berücksichtigen. Frühlingszwiebelgewächse stehen günstig an oder unter Sträuchern. Stauden, die bald einziehen, sind einzeln neben andere Pflanzen zu setzen, die die Lücke verdecken. Der Imker wird robust sich entwickelnde Stauden bevorzugen, die in der imkerlichen Hauptsaison keinen großen Pflegeaufwand erfordern. Aus den gleichen rationellen Gründen werden sich unter den Einjahrsblühern solche Gewächse als günstig erweisen, die an Ort und Stelle im Freiland ausgesät werden können und dank ihrer Schnellwüchsigkeit bald in der Lage sind, störende Wildkräuter zu unterdrücken. Außer Zierpflanzenrabatten empfiehlt sich für den Imkergarten an einem sonnigen Platz die Anlage von Beeten mit Heil- und Gewürzkräutern. Unter ihnen gibt es viele wertvolle Bienenweidepflanzen.

Das für den Imkergarten Gesagte gilt in weit größerem Umfang auch für Parkanlagen und andere Erholungsplätze sowie für repräsentative Vorplätze auf dem Gelände von Betrieben und Institutionen. Besonders im Rahmen des Stadtgrüns gibt es meist zahlreiche Blumenrabatten. Bei guter Zusammenarbeit zwischen Vertretern der Imker und Stadtgartenämter können Blumensortimente zusammengestellt werden, die gleichzeitig wertvolle Bienenweide sind. Ein Bienenweide-Fließband krautartiger Pflanzen finden Sie in Tabelle 1 ab Seite 258.

GEHÖLZE ALS BIENENWEIDE

OBSTGEHÖLZE

Vom zeitigen Frühjahr an blühen in den Gärten zahlreiche Obstgehölze wie Haselnuss, Kirschen, Pflaumen, Apfel, Birne und Beerenobst. Wegen der Bestäubung der Obstblüten ist ein Bienenstand in einer Kleingartenanlage meist sehr willkommen. Das ist erst

Eine Rosskastanien-Allee - Augenweide für den Menschen, Bienenweide für die Bienen.

recht der Fall in speziellen Obstgärten oder gar großen Anlagen des Obstbaues. Das Wandern in Obstanlagen geschieht meist im Rahmen des vertraglichen Bestäubungsdienstes. Hier erhält der Imker für den Bieneneinsatz eine Vergütung als Ausgleich dafür, dass ihm die ergiebigere Tracht des gleichzeitig blühenden Rapses entgeht. Ein Honigertrag aus der Obstblüte ist häufig nur von starken Bienenvölkern bei günstiger Witterung zu erwarten.

ZIER- UND NUTZGEHÖLZE

An Zäunen, Weg- und Waldrändern blühen im Frühjahr Weiden, Zier- und Wildobstarten. In Wäldern ist an geeigneten Standorten wildwachsend der Himbeerstrauch anzutreffen und bietet den Bienen im Juni Tracht. Besonders in Gebieten mit leichteren Böden ist die Robinie verbreitet. Sie ist Bestandteil mancher Mischwälder und kommt an Waldrändern auch in nahezu reinen Beständen vor. Die Blüte dauert nur wenige Tage an, kann den Bienen aber bei starkem Blütenbehang und günstiger Witterung eine unübertroffen reiche Nektartracht bieten. Auf Grund der Spätfrostempfindlichkeit der Blütenknospen ist die Robinientracht nicht zuverlässig. In feuchten Wäldern ist neben Erlen als Unterholz der Faulbaum verbreitet. Auf Grund seiner längeren Blütezeit kann dieses Gehölz den Bienen eine zufriedenstellende Frühsommertracht bieten. Auf den armen Böden oder in Heidegebieten ist an Waldrändern, Truppenübungsplätzen und anderen freien Standorten das Heidekraut verbreitet. Infolge von Maßnahmen zur Erhöhung der Fruchtbarkeit des Waldbodens gehen die Heidebestände allerdings zurück.

BIENENWEIDE IN SIEDLUNGEN

In Städten und Dörfern, auch an Landstraßen, sind vor allem Rosskastanien, Ahorn- und Lindenarten als Einzel- oder Alleebäume anzutreffen. Ahorn und Rosskastanien bieten, besonders bei Vorkommen mehrerer Arten,

Auch blühende Gehölze (Flieder) in Gärten und Parkanlagen liefern den Bienen Nektar und Pollen.

gute Entwicklungstracht. Die Linden bieten bei Vorhandensein mehrerer nacheinander blühender Arten besonders in den Ortslagen eine mehrere Wochen anhaltende und daher risikoarme Sommertracht.
In den Städten kommt ein umfangreiches Sortiment baum- oder strauchartig wachsender Ziergehölze zur Gestaltung von Parks, Kinderspiel- und Erholungsplätzen sowie als Wohngrün zur Verwendung. Viele Arten haben Bedeutung als Bienenweide. Auch in Hausgärten befinden sich Laubgehölze und Ziersträucher, deren Blüten von Bienen beflogen werden.

BIENENWEIDE IN DER KULTURLANDSCHAFT

In der offenen Landschaft gibt es feldschützende Gehölzstreifen, deren Bestände sich zum großen Teil aus Bienenweidepflanzen zusammensetzen. Viele von ihnen wurden gezielt angelegt.
Auf Grund der Langlebigkeit der Gehölze kann die Bienenweide durch Pflanzung von Nektar und Pollen spendenden Bäumen und Sträuchern besonders nachhaltig verbessert werden. Aus forstwirtschaftlichen Gründen werden wichtige Nektarspender meist nur an Waldrändern, Waldwegen sowie in Parks und Erholungsanlagen gepflanzt.
Zur Bereicherung und Erhaltung der Naturschätze sollten sich jede Regierung und jeder Bürger verpflichtet fühlen. Unter den vielfältigen Möglichkeiten einer effektiven Mehrfachnutzung der Landschaft sei neben dem Vogelschutz, der Niederwildhege, der Gewinnung von Wildfrüchten und Brennholz sowie dem biologischen Pflanzenschutz auch die Bienenweide genannt. Mit der Pflanzung von Bienenweidegehölzen kann ein Beitrag zum Erreichen dieser Ziele geleistet werden. Dabei geht es nicht nur um die Grundlage für imkerliche Erträge, sondern auch um die Förderung von Wildbienen und Hummeln als Bestandteil unserer Natur sowie als Blütenbestäuber von Kultur- und Wildpflanzen.

BIENENWEIDEVERBESSERUNG

Möglichkeiten der Bienenweideverbesserung bieten sich im Zusammenhang mit der Pflanzung von Hecken, Feldgehölzen, Gehölzen zur Sicherung von Bach- und Flussufern sowie erosionsschützenden Gehölzstreifen in der Landschaft. Gehölze prägen, ob einzeln oder in Gruppen, unübersehbar das Landschafts-

Honigtau auf einem Nadelgehölz

bild. Auf Grund ihrer Schönheit und Seltenheit sind zahlreiche Alleen heute geschützt. Trotzdem müssen viele Alleebäume der Verbreiterung verkehrsreicher Wege weichen. Danach sollten jedoch stets Ersatzpflanzungen vorgenommen werden – aus Gründen des Unfallschutzes gegebenenfalls in Form mehrreihiger Streifen strauch- und baumartiger Gehölze. Sie spenden Schatten und absorbieren Abgase. Nahezu uneingeschränkte Möglichkeiten zur Verbesserung der Bienenweide bieten sich in den Ortslagen. Hier können alle Gehölzpflanzungen sowohl der Grüngestaltung als auch der Bienenweideverbesserung dienen. Die ehrenamtlich tätigen Bienenweide-Obleute der Imkerverbände sollten jede Gelegenheit suchen, bei Projektierungs- und Pflanzmaßnahmen in den Städten und Gemeinden beratend mitzuwirken.

In Tagebaugebieten werden rekultivierte Flächen oft der Forstwirtschaft übergeben. Hier können Bodenaufschließer und Stickstoffsammler wie Steinklee und Robinie als Pionierpflanzen Verwendung finden.

In Tabelle 2 ab Seite 268 sind die für die Verbesserung der Bienenweide geeigneten Gehölze zu einem Trachtfließband zusammengestellt.

HONIGTAUQUELLEN ALS BIENENWEIDE

Außer Nektar dient den Bienen Honigtau als Rohstoff für die Erzeugung des Honigs. Wie der Nektar, so stammt auch der Honigtau aus dem Siebröhren-(Phloem-)Saft der Pflanzen, mit dem Unterschied, dass Nektar durch die Nektarien der Blüten, Honigtau über verschiedene an Pflanzen saugende Insekten als Zwischenglied erzeugt wird. Nach Anstechen der Pflanze steigt der Phloemsaft auf Grund des in der Pflanze bestehenden Drucks im Saugrohr des Pflanzensaugers empor, gelangt durch Schluckbewegungen in den Verdauungskanal und wird mit fermenthaltigem Speichel sowie Verdauungssäften versetzt. Dabei erfährt er Veränderungen im Eiweiß- und Zuckerspektrum. So enthält der vom Pflanzensauger als wasserklarer Tropfen ausgeschiedene, auf Zweige, Nadeln und Blätter fallende Honigtau etwa die Hälfte des ursprünglich im Phloemsaft enthaltenen Gesamtstickstoffs sowie einige Zuckerarten, die im Phloemsaft fehlen. Das reichhaltige Zuckerspektrum ist für die verschiedenen Pflanzensauger artspezifisch und entscheidend im Hinblick auf die Attraktivität des Honigtaus für die Bienen.

ENTWICKLUNGSRHYTHMEN

Der Entwicklungsrhythmus der wichtigsten Gruppen von Pflanzensaugern wird im Folgenden kurz beschrieben. Eine Übersicht über die systematische Einteilung der im Europäischen Verarbeitungsgebiet vorkommenden Honigtauerzeuger finden Sie in Tabelle 5 ab Seite 286.

BLATTFLÖHE (PSYLLINA)

Sie überwintern vorwiegend als Eier auf Obstgehölzen, aus denen im Frühjahr die Larven schlüpfen. Sie können bei massenhaftem Auftreten über die Zeit der Obstblüte hinaus eine Honigtautracht ergeben. Ende Mai schlüpft nach viermaliger Häutung der geflügelte,

In Fichtenwäldern können Honigtauerzeuger massenhaft auftreten und eine ergiebige Honigtauquelle bieten.

bei jeder Störung flüchtige Blattfloh. Wegen nur geringfügiger Nahrungsaufnahme ist er im Gegensatz zur Larve als Honigtauspender ohne Bedeutung. Im August erfolgt die Eiablage in die Rinde.

SCHILDLÄUSE (COCCIDEA)

Schildläuse überwintern als Zweitlarven unter den Quirlschuppen der Zweigvergabelungen und bleiben dort zeitlebens sitzen. Im Frühjahr häuten sie sich unter Verlust von Beinen und Fühlern zum Vollinsekt. Die Weibchen leben von April/Mai bis Juli und sondern von Mitte Mai bis Juni den meisten Honigtau ab. Ihr immer größer werdender Leib umschließt die Embryonen. Nach Begattung durch die kleinen beweglichen Männchen bringen die absterbenden Weibchen sehr kleine Larven hervor. Wenn die Begattung ausbleibt, erfolgt die Vermehrung parthenogenetisch, also ohne vorherige Befruchtung der Eier.

BLATTLÄUSE (APHIDINA)

Blattläuse überwintern als Eier, aus denen im April die Stammmütter schlüpfen. Die Mehrzahl der Honigtau erzeugenden Blattläuse bringt parthenogenetisch mehrere Tochtergenerationen von weiblichen Jungläusen hervor. Durch eine Reihe von Umweltfaktoren, vor allem Witterung und pflanzenphysiologische Vorgänge, aber auch genetisch bedingt, entwickeln sie bis zu sieben sich mehr oder weniger unterscheidende Generationen. In der ersten bis dritten Generation wird ein Teil der Jungfern zu geflügelten Tieren ausgebildet, die auf noch unbefallenen Pflanzen – auch anderen Arten einschließlich krautartiger Pflanzen – neue Kolonien gründen. Manche Blattlausarten überdauern als Ruhelarven die wegen der Wachstumsstagnation der Wirtspflanzen ungünstigen Sommerwochen. Die Haupt-Honigtautracht ist im Allgemeinen im Juni bis Anfang Juli zu erwarten, wenn sich die ersten beiden Tochtergenerationen stark entwickeln konnten. Im Spätsommer kann mit einem nochmaligen Anwachsen der Kolonien ein zweiter, kleinerer Trachthöhepunkt erreicht werden. Als letzte Generation des Jahres werden weibliche und männliche Geschlechtstiere hervorgebracht. Nach vollzogener Paarung werden an Nadeln, Zweigen oder Rinde die Wintereier abgelegt.

GEHÖLZE ALS WIRTSPFLANZEN

Wirtspflanzen für Honigtauerzeuger sind in Mitteleuropa vor allem die Nadelhölzer, besonders Fichten, und eine Anzahl von Laubgewächsen. Bei anzahlmäßig reichlichem Vorkommen können sie in Verbindung mit dem umweltabhängigen Massenauftreten der auf ihnen lebenden Pflanzensauger ergiebige Honigtauquellen darstellen.

In Tabelle 6 ab Seite 288 sind die wichtigsten Gehölzarten und die auf ihnen lebenden Honigtauerzeuger zusammengestellt. Weitere Gehölze, an denen Honigtauspende möglich ist, sind im Bienenweidefließband (Tabelle 2 auf Seite 268) mit der Bezeichnung „**H**" (Honigtau) versehen. Auch zahlreiche krautartige Pflanzen werden von Blattsaugern befallen und können z. B. bei Schilf oder Mais Honigtautrachten ergeben; doch treten sie hier oft als Schädlinge auf. Im Hinblick auf notwendige Bekämpfungsmaßnahmen kann die Nutzung solcher Honigtautrachten – z. B. bei Ackerbohne – problematisch werden.

AMEISEN UND HONIGTAUERZEUGER

Die Honigtauerzeuger können durch Ameisen gefördert werden. Das gilt besonders für die Waldameisen der Gattung *Formica*. Die Honigtau sammelnden Ameisen nehmen den Honigtautropfen oft direkt von den Blattsaugern ab und bewahren so die Kolonien mancher Arten vor dem Verkleben. Sie übernehmen Schutz- und Pflegearbeiten. Im Massenwechsel einer Reihe von Honigtauerzeugern können sie als Stabilisierungsfaktoren wirken und damit indirekt bienenwirtschaftliche Bedeutung erlangen. Im Ergebnis fünfjähriger Untersuchungen wurden in ameisenreichen Wäldern 15 kg, in ameisenarmen Wäldern nur 10 kg Honig geerntet. So sind der Schutz und die Förderung der nützlichen Waldameisen auch im imkerlichen Interesse. Manche Imker haben deshalb ehrenamtliche Aufgaben des Ameisenschutzes übernommen.

Rote Waldameisen pflegen Blattläuse – so können sie das Verkleben der Kolonien verhindern.

Napfschildläuse auf der Rinde eines Zweiges

BEOBACHTUNG UND PROGNOSE DER HONIGTAUTRACHT

Die rationelle und termingerechte Nutzung der jährlich und örtlich unterschiedlichen Honigtautracht ist für viele Imker sehr wichtig. Angesichts der zahlreichen Faktoren, die im Zusammenspiel das Einsetzen von Massentrachten bewirken, ist eine langfristige Trachtvorhersage problematisch. In manchen Ländern gibt es organisierte Honigtautracht-Meldesysteme für kürzere Zeiträume. In Stationen, die – mit Waagstöcken ausgerüstet – in verschiedenen Höhenlagen über die Waldtrachtgebiete verteilt sind, beobachten erfahrene Kräfte den Besatz und die Entwicklung der Honigtauerzeuger, führen Wägungen durch und erstatten in kurzen Abständen Bericht über die Trachtsituation. In Auswertung dieser Meldungen können, auch mit Unterstützung durch bienenwissenschaftliche Institute, kurzfristig Prognosen aufgestellt und den Imkern über Presse, Rundfunk mitgeteilt oder über das Internet abgerufen werden.

Pflanzen-Porträts

Gold-Lauch ♃

— Allium moly

NEKTAR						
MÄR	APR	MAI	JUN	JUL	AUG	SEP
		2	2 2	2		

POLLEN						
MÄR	APR	MAI	JUN	JUL	AUG	SEP
		1	1 1	1		

Herkunft Südeuropa
Höhe 15–45 cm
Wuchs Ausdauernde, horstbildende Zwiebelpflanze mit aufrechtem Stängel und grundständigen, lanzettlichen Blättern.
Vorkommen, Verwendung Für Steingärten und Gehölzränder auf durchlässigem, frischem Boden mit geringem Nährstoffgehalt an sonnigem bis halbschattigem Standort.
Vermehrung Pflanzen der Zwiebeln im Herbst. Selbstaussaat ist möglich.

Blüten ✿ in einer Scheindolde am Ende des Stängels, sternförmig, hellgelb.
Pollenhöschenfarbe gelb
Anmerkung Unter vielen weiteren Arten: Bär-Lauch *(Allium ursinum)*, (Illustration).

Iran-Lauch ♃

— *Allium aflatunense* 'Purple Sensation'

NEKTAR						
MÄR	APR	MAI	JUN	JUL	AUG	SEP
		3	3 3	3 3	3	

POLLEN						
MÄR	APR	MAI	JUN	JUL	AUG	SEP
		2	2 2	2 2	2	

Weitere Namen Iranischer Blumenlauch
Herkunft Westasien
Höhe 70–100 cm
Wuchs Ausdauernde Zwiebelpflanze mit aufrechtem Stängel und grundständigen, lanzettlichen Blättern.
Vorkommen, Verwendung Bunte Beete und Rabatten; frische Böden; sonnige Standorte.
Vermehrung durch Brutzwiebeln oder Samen.

Blüten ❀ in einer kugelförmigen, großen Scheindolde am Ende des Stängels, sternförmig, rotviolett.
Pollenhöschenfarbe dunkelblau
Anmerkung Unter weiteren Arten: Riesen-Lauch *(Allium giganteum)*; Blauzungen-Lauch *(Allium karataviense)*.

Kleines Schneeglöckchen ♃
— *Galanthus nivalis*

NEKTAR						
MÄR	APR	MAI	JUN	JUL	AUG	SEP
2 2	2					

POLLEN						
MÄR	APR	MAI	JUN	JUL	AUG	SEP
2 2	2					

Herkunft Europa, Westasien
Höhe 5–20 cm
Wuchs Zwiebelgewächs, zweiblättrig
Vorkommen, Verwendung Feuchte Laubmisch-, Au- und Schluchtwälder. Zur Pflanzung unter lichtem Gehölz, auf Rasenflächen und als Einfassung. Bevorzugt frischen, humosen Boden.
Vermehrung durch Auspflanzen der Zwiebeln.

Blüten ✳ einzeln; drei äußere Blütenblätter groß, weiß, drei innere Blütenblätter klein, grünlich.
Pollenhöschenfarbe orange
Anmerkung In vielen Sorten. Unter weiteren Narzissengewächsen: Frühlings-Knotenblume *(Leucojum vernum).*

Küchen-Zwiebel ♃
— *Allium cepa*

NEKTAR						
MÄR	APR	MAI	JUN	JUL	AUG	SEP
			3	3 3	3	

POLLEN						
MÄR	APR	MAI	JUN	JUL	AUG	SEP
			2	2 2	2	

Weitere Namen Bolle
Herkunft Mittelmeergebiet
Höhe 50–150 cm
Wuchs Ausdauernd. Aufrechter Stängel, grundständige, lanzettliche Blätter.
Vorkommen, Verwendung Würz- und Gemüsepflanze, liebt nährstoffreichen, lockeren sandigen, sommertrockenen Lehmboden.
Blüten ❀ in einer kugelförmigen Scheindolde am Ende des Stängels, sternförmig, grünlich weiß.

Pollenhöschenfarbe gelblich
Weitere Arten Schnittlauch *(Allium schoenoprasum)*, Porree *(Allium porrum)*.

Gewöhnlicher Efeu

— *Hedera helix*

ħ

NEKTAR						
MÄR	APR	MAI	JUN	JUL	AUG	SEP
					3	3 3

POLLEN						
MÄR	APR	MAI	JUN	JUL	AUG	SEP
					3	3 3

Herkunft Europa bis Kaukasus
Höhe 20–30 m
Wuchs Immergrüner Kletterstrauch mit Haftwurzeln, kriechend, an Mauern und Bäumen hochkletternd, mit 3- bis 5-lappigen, an Blütentrieben ungelappten, rautenförmigen Blättern.
Vorkommen, Verwendung Lichte Wälder, Auen, Felsen, auch verwildert. Als Klettergehölz und Bodendecker. Blühreife 8.–10. Jahr.

Blüten ❀ an gut belichtetem Wuchs in traubig angeordneten, dichten Dolden, zwittrig, auch eingeschlechtig, gelblich grün.
Pollenhöschenfarbe gelb
Anmerkung Mehrere Sorten.
Unter weiteren Arten: Irischer Efeu *(Hedera hibernica)*.

Thunbergs Berberitze ♄

— *Berberis thunbergii* 'Atropurpurea'

NEKTAR

MÄR	APR	MAI		JUN	JUL	AUG	SEP
		2	2	2			

POLLEN

MÄR	APR	MAI		JUN	JUL	AUG	SEP
		1	1	1			

Weitere Namen Hecken-Berberitze, Sauerdorn
Herkunft Japan, China
Höhe 1,5–2 m
Wuchs Dicht verzweigter Strauch mit meist einfachen Dornen und rundlichen, purpurfarbenen Blättern.
Vorkommen, Verwendung Für ungeschnittene Hecken oder Einzelpflanzung, Zwergformen auch für Steingärten auf frischen, sandig-humosen Böden.

Blüten ✳ entlang der Triebe, glockig, grünlich-gelb, rot gestreift.
Pollenhöschenfarbe wachsgelb
Anmerkung Viele Sorten. Unter weiteren Arten: Schmalblättrige Berberitze *(Berberis* x *stenophylla)*.

Gewöhnliche Mahonie ♄
— *Mahonia aquifolium*

NEKTAR

MÄR	APR	MAI	JUN	JUL	AUG	SEP
	2	2 2				

POLLEN

MÄR	APR	MAI	JUN	JUL	AUG	SEP
	3	3 3				

Herkunft Westliches Nordamerika
Höhe 0,5–2 m
Wuchs Strauch mit gefiederten, immergrünen Blättern. Blättchen am Rand dornig gezähnt.
Vorkommen, Verwendung Für Parks und Gärten, kleine Hecken, flächige Pflanzungen vor Wohnbauten, Waldränder und Feldgebüsche. Gedeiht in Sonne und Schatten. Die Mahonie bevorzugt etwas feuchte Böden.

Blüten ✳ in aufrechten Traubenrispen, leuchtend goldgelb.
Pollenhöschenfarbe schwefelgelb
Anmerkung Mehrere Sorten; unter weiteren Frostharten:
M. x *media* = Kreuzung von *M. japonica* und *M. lomariifolia*

Gewöhnliche Haselnuss

— *Corylus avellana*

♄ H

NEKTAR						
MÄR	APR	MAI	JUN	JUL	AUG	SEP
0 0	0					

POLLEN						
MÄR	APR	MAI	JUN	JUL	AUG	SEP
2 2	2					

Herkunft Europa, Westasien
Höhe 2–7 m
Wuchs Aufrechter Strauch, vielstämmig, mit eiförmig-rundlichen, gesägten Blättern.
Vorkommen, Verwendung Lichte Laubmischwälder und Feldgebüsche. Anpassungsfähig, schatten- und schnittverträglich, hohes Stockausschlagvermögen. Als Bodenbefestiger und für Schutzpflanzungen.
Blüten ❁ vor Blattaustrieb, einhäusig. Männliche Blüten in hängenden Kätzchen, gelbbraun; weibliche Blüten knospenförmig. Windbestäubung.
Pollenhöschenfarbe schwefelgelb
Anmerkung In Sorten als Obst- und Ziergehölze. Weitere Art: Baumhasel *(Corylus colurna)*.

Chinesischer Götterbaum
— Ailanthus altissima

NEKTAR

MÄR	APR	MAI	JUN	JUL	AUG	SEP
			3 3	3 3		

POLLEN

MÄR	APR	MAI	JUN	JUL	AUG	SEP
			2 2	2 2		

Weitere Namen Himmelsbaum
Herkunft China, Korea
Höhe 20–30 m
Wuchs Schnell wachsender Baum, oft mehrstämmig, mit breiter Krone und großen, gefiederten Blättern.
Vorkommen, Verwendung Anspruchslos, stadtfest, für Parks und Alleen, stellenweise verwildert, liebt Sonne.
Blüten in langen Rispen, klein, grünlich-gelb; vorwiegend zweihäusig; weibliche und männliche Bäume bilden zuweilen auch zwittrige Blüten aus.
Pollenhöschenfarbe gelb-rötlich
Anmerkung Ähnlich: *Ailanthus giraldii.* Verwandt: *Ailanthus vilmoriniana*

Gewöhnlicher Sommerflieder ♄
— Buddleja davidii

NEKTAR						
MÄR	APR	MAI	JUN	JUL	AUG	SEP
				2 2	2 2	2 2

POLLEN						
MÄR	APR	MAI	JUN	JUL	AUG	SEP
				2 2	2 2	2 2

Weitere Namen Schmetterlingsstrauch, Schmetterlingsflieder
Herkunft China
Höhe 3–4 m
Wuchs Strauch, aufrecht mit überhängenden Zweigen. Blätter eilanzettlich, fein gezähnt.
Vorkommen, Verwendung Für Gärten und Hecken auf kalkhaltigen Böden an sonnigen Plätzen. Ein starker Rückschnitt ist empfehlenswert.

Blüten ✿ an einjährigen Trieben in langen, meist übergebogenen Rispen, in Sorten weiß, rosa, purpurrot, violett oder blau.
Pollenhöschenfarbe hellgrau
Anmerkung Viele Sorten.

Stiel-Eiche ♄ H

— *Quercus robur*

NEKTAR						
MÄR	APR	MAI	JUN	JUL	AUG	SEP
	0	0 0				

POLLEN						
MÄR	APR	MAI	JUN	JUL	AUG	SEP
	2	2				

Weitere Namen Sommer-Eiche
Herkunft Europa, Westasien
Höhe 20–40 m
Wuchs Baum mit knorrigem Wuchs und rund gelappten Blättern.
Vorkommen, Verwendung Forstbaum in Eichen-, Laubmisch- und Auwäldern sowie Parkbaum. Anspruchslos, bevorzugt frische, tiefgründige, nährstoffreiche Böden. Blühreife ab 50 Jahre.

Blüten ❀ mit Blattaustrieb, einhäusig. Windblütler. Männliche Blüten in hängenden Kätzchen, grünlich. Weibliche Blüten ährig auf langem Stiel.
Pollenhöschenfarbe grüngelb
Anmerkung Andere Eichen: Trauben-Eiche *(Quercus petraea)*, Rot-Eiche *(Quercus rubra)* und weitere Arten.

Ess-Kastanie

— *Castanea sativa*

♄ H

NEKTAR						
MÄR	APR	MAI	JUN	JUL	AUG	SEP
			3 3	3 3		

POLLEN						
MÄR	APR	MAI	JUN	JUL	AUG	SEP
			3 3	3 3		

Weitere Namen Edelkastanie, Marone
Herkunft Südeuropa, Westasien, Nordafrika
Höhe 10–30 m
Wuchs Baum mit breit ausladender Krone und langen, gezähnten Blättern.
Vorkommen, Verwendung Als Parkbaum oder in Mischwäldern. Liebt humose, kalkarme Böden. Blühreife mit 10 bis 20 Jahren.
Blüten ❀ einhäusig. Männliche Blüten (Nektar) gelblich, zu mehreren in Köpfchen, die lange, ährenartige Kätzchen in Büscheln bilden. Weibliche Blüten am Grunde der männlichen Blütenstände, grünlich.
Pollenhöschenfarbe schwefelgelb
Anmerkung Spezielle Sorten zur Fruchtgewinnung. Weitere Art: Amerikanische Kastanie *(Castanea dentata)*.

Gewöhnlicher Buchsbaum ♄♄

— *Buxus sempervirens*

NEKTAR						
MÄR	APR	MAI	JUN	JUL	AUG	SEP
2	2 2					

POLLEN						
MÄR	APR	MAI	JUN	JUL	AUG	SEP
2	2 2					

Weitere Namen Europäischer Buchsbaum
Herkunft Südeuropa, Westasien, Kaukasus, Nordafrika
Höhe 0,5–8 m
Wuchs Immergrüner Strauch oder mehrstämmiger Baum mit eiförmigen ledrigen Blättern.
Vorkommen, Verwendung Für Hecken und Einfassungen, auch in Bauerngärten. Anpassungsfähig, rauch-, abgas-, schatten- und schnittverträglich.
Vermehrung durch Stecklinge.

Blüten ✿ einhäusig; Blüten in Knäueln, gelblich; männliche seitenständig, weibliche endständig.
Pollenhöschenfarbe gelblich
Anmerkung Mehrere Sorten. Unter weiteren Arten: Kleinblättriger Buchsbaum *(Buxus microphylla)*.

Kaukasus-Fetthenne ♃
— *Sedum spurium*

NEKTAR						
MÄR	APR	MAI	JUN	JUL	AUG	SEP
			3 3	3 3	3 3	

POLLEN						
MÄR	APR	MAI	JUN	JUL	AUG	SEP
			2 2	2 2	2 2	

Herkunft Kaukasus, Nordiran, Türkei
Höhe 10–20 cm
Wuchs Staude, immergrün, Triebe mattenbildend, mit fleischigen, eiförmigen, an der Spitze gezähnten Blättern.
Vorkommen, Verwendung Steingärten, Bodendecker für Uferzonen und Hänge, Grabbepflanzung. Bevorzugt sandig-kiesige, trockene bis frische Böden an sonnigen Standorten.
Vermehrung durch Aussaat oder Teilung.

Blüten ✿ am Ende von Seitentrieben in runden Trugdolden, sternförmig, in Sorten purpurrot bis rosa.
Pollenhöschenfarbe orange
Anmerkung Viele Sorten und weitere Arten.

Prächtige Fetthenne ♃
— *Sedum spectabile*

NEKTAR						
MÄR	APR	MAI	JUN	JUL	AUG	SEP
				3 3	3 3	3 3

POLLEN						
MÄR	APR	MAI	JUN	JUL	AUG	SEP
				2 2	2 2	2 2

Weitere Namen Schöne Fetthenne
Herkunft China, Korea
Höhe 40–60 cm
Wuchs Staude mit aufrechten, verzweigten Trieben, löffelförmige, fleischige Blätter.
Vorkommen, Verwendung Für Steingärten oder auf Mauerkronen, auf sandig-kiesigen, trockenen bis frischen, mittleren Böden.
Vermehrung durch Aussaat oder Teilung.
Blüten ❀ zahlreich in flachen Trugdolden, sternförmig, rosa bis rosarot.

Pollenhöschenfarbe braungelb
Anmerkung Ähnlich: Purpur-Fetthenne (*Sedum telephium,* Illustration).

Sibirische Fetthenne ♃
— Sedum kamtschaticum

NEKTAR

MÄR	APR	MAI	JUN	JUL	AUG	SEP
			3 3	3 3	3 3	

POLLEN

MÄR	APR	MAI	JUN	JUL	AUG	SEP
			2 2	2 2	2 2	

Weitere Namen Kamtschatka-Fetthenne
Herkunft Ostsibirien, Nordchina, Japan
Höhe 10–20 cm
Wuchs Staude, halbimmergrün, Triebe polsterbildend, mit fleischigen, eiförmigen, an der Spitze grob gezähnten Blättern.
Vorkommen, Verwendung Für Steingärten und als Bodendecker auf sandig-kiesigen, trockenen bis frischen Böden an sonnigen Standorten.
Vermehrung durch Aussaat oder Teilung

Blüten ❀ am Ende von Seitentrieben in runden Trugdolden, sternförmig, goldgelb bis orangefarben.
Pollenhöschenfarbe zitronengelb
Anmerkung Unter weiteren gelb blühenden Arten: Scharfe Fetthenne, Mauerpfeffer (*Sedum acre,* Illustration).

Garten-Dill

— *Anethum graveolens* var. *hortorum*

⊙

NEKTAR

MÄR	APR	MAI	JUN	JUL	AUG	SEP
			2	2 2	2 2	2

POLLEN

MÄR	APR	MAI	JUN	JUL	AUG	SEP
			2	2 2	2 2	2

Herkunft Östliches Mittelmeergebiet
Höhe 40–120 cm
Wuchs Einjährig, mit langem Stängel und zart gefiederten Blättern.
Vorkommen, Verwendung Gewürz-, Heil- und Zierpflanze für Kräuter- und Gemüsegärten. Standort sonnig und windgeschützt.
Vermehrung Aussaat ab April in 3-wöchigem Abstand auf sandig-humosen, frischen Böden.
Blüten ❀ zahlreich in großen Dolden, gelb.

Pollenhöschenfarbe gelblich
Anmerkung Ähnlich: Fenchel *(Foeniculum vulgare)*, Pastinake *(Pastinaca sativa,* Illustration*)*.

Echte Engelwurz ⊙ ♃

— *Angelica archangelica*

NEKTAR						
MÄR	APR	MAI	JUN	JUL	AUG	SEP
				3 3	3 3	

POLLEN						
MÄR	APR	MAI	JUN	JUL	AUG	SEP
				2 2	2 2	

Weitere Namen Arznei-Engelwurz
Herkunft Europa bis Sibirien
Höhe 100–250 cm
Wuchs Zweijährig bis ausdauernd, mit aufrechtem Stängel und fiederteiligen Blättern.
Vorkommen, Verwendung Ufer, Flusstäler; als Heilpflanze angebaut auf feuchten, nährstoffreichen Lehm- und Tonböden.
Blüten ✿ in großen, rundlichen Dolden 1. und 2. Ordnung, grünlich.
Pollenhöschenfarbe gelb

Anmerkung Wildform: Wald-Engelwurz *(Angelica sylvestris)*. Ähnliche Doldengewächse: Wiesen-Bärenklau *(Heracleum sphondylium)*, Riesen-Bärenklau *(Heracleum mantegazzianum)*, Wiesen-Kerbel *(Anthriscus sylvestris)*.

Gewöhnlicher Giersch ♃
— Aegopodium podagraria

NEKTAR

MÄR	APR	MAI	JUN	JUL	AUG	SEP
			2	2 2	2	

POLLEN

MÄR	APR	MAI	JUN	JUL	AUG	SEP
			2	2 2	2	

Weitere Namen Zaun-Giersch, Geißfuß, Podagrakraut
Herkunft Europa, Asien
Höhe 30–100 cm
Wuchs Ausdauerndes, Ausläufer treibendes Wildkraut mit aufrechtem Stängel, gefiederte Blätter mit länglich-eiförmigen Blättchen.
Vorkommen, Verwendung Auwälder, feuchte Laub- und Mischwälder, Ufer, Gebüsche, Parks, Gärten; liebt lehmige, fruchtbare Böden. Zuweilen als Bodendecker kultiviert.
Blüten ✿ in Dolden, reinweiß.
Pollenhöschenfarbe gelb
Anmerkung Zuchtform: 'Variegata'.

Koriander

— *Coriandrum sativum*

⊙

NEKTAR						
MÄR	APR	MAI	JUN	JUL	AUG	SEP
			4 4	4 4	4 4	

POLLEN						
MÄR	APR	MAI	JUN	JUL	AUG	SEP
			1 1	1 1	1 1	

Weitere Namen Gewürzkoriander, Kaliander, Klanner
Herkunft östliches Mittelmeergebiet
Höhe 30–90 cm
Wuchs Einjährige, krautige Pflanze mit rundem, längs gerieftem Stängel und erst breiten, dreigeteilten, später fein zerteilten, doppelt gefiederten Blättern.
Vorkommen, Verwendung Koriander ist eine weltweit verbreitete alte Gewürz- und Heilpflanze, liebt mittlere Böden in mäßig warmer Lage und besonders in der Jugend Feuchtigkeit.
Blüten ❀ in 3–5 flachen Doppeldolden mit teils zwittrigen, teils männlichen Blüten, weiß bis rötlich.
Pollenhöschenfarbe gelblich
Anmerkung Mehrere Sorten.

Liebstöckel ♃

— Levisticum officinale

NEKTAR

MÄR	APR	MAI	JUN	JUL	AUG	SEP
			2 2	2 2	2 2	

POLLEN

MÄR	APR	MAI	JUN	JUL	AUG	SEP
			1 1	1 1	1 1	

Weitere Namen Maggikraut, Selleriekraut
Herkunft Westasien
Höhe 100–250 cm
Wuchs Winterharte Staude mit aufrechtem, verzweigtem Stängel, gestielten, 2–3-fach gefiederten Blättern und gezähnten Blättchen.
Vorkommen, Verwendung Traditionelle Gewürz- und alte Heilpflanze für Kräuter- und Bauerngärten, stellenweise verwildert, anspruchslos, liebt humosen, kalkhaltigen Boden und halbschattigen Standort.

Blüten in 12 cm breiten Doppeldolden mit 10–20 Döldchen und zahlreichen gelblich-grünen Blüten.
Pollenhöschenfarbe gelblich
Anmerkung Keine weiteren Arten. Verwandt: Bibernelle *(Pimpinella spec.*, Illustration).

Flachblättriger Mannstreu ♃

— *Eryngium planum*

NEKTAR

MÄR	APR	MAI	JUN	JUL	AUG	SEP
				3 3	3 3	

POLLEN

MÄR	APR	MAI	JUN	JUL	AUG	SEP
				2 2	2 2	

Weitere Namen Hohe Edeldistel
Herkunft Europa, Asien
Höhe 30–100 cm
Wuchs Staude mit aufrechtem, im Blütenstandsbereich sparrigem Stängel und gesägten Blättern mit stechenden Grannen.
Vorkommen, Verwendung Trockenrasen, auch verwildert; als Gartenstaude für schwach alkalische, sandig-lehmige Böden und volle Sonne.
Vermehrung durch Samen.

Blüten ✿ in eiförmigen bis halbkugeligen Köpfchen, stahlblau, umgeben von dornig gezähnten Hüllblättern.
Pollenhöschenfarbe gelblich
Anmerkung Mehrere Arten als Wildpflanzen und Gartenformen.

Wilde Möhre
— Daucus carota

NEKTAR						
MÄR	APR	MAI	JUN	JUL	AUG	SEP
			2	2 2	2 2	2

POLLEN						
MÄR	APR	MAI	JUN	JUL	AUG	SEP
			2	2 2	2 2	2

Herkunft Europa, Asien, Indien, Nordafrika
Höhe 40–100 cm
Wuchs Zweijähriges Wildkraut mit behaartem Stängel und fiederteiligen Blättern.
Vorkommen, Verwendung Halbtrockenrasen, Wiesen, Schuttplätze, Wegränder auf lockeren, sandigen oder steinigen Böden.
Blüten im 2. Jahr, weiß; in der Mitte der Dolde häufig eine schwarz-purpurne Blüte.
Pollenhöschenfarbe gelb

Anmerkung Kulturform: Garten-Möhre *(Daucus carota* ssp. *sativus)*. Ähnlich: Kümmel *(Carum carvi)*, Koriander *(Coriandrum sativum)*.

Gewöhnliche Eibe
— Taxus baccata

ħ ħ

NEKTAR						
MÄR	APR	MAI	JUN	JUL	AUG	SEP
0 0	0 0					

POLLEN						
MÄR	APR	MAI	JUN	JUL	AUG	SEP
2 2	2 2					

Weitere Namen Europäische Eibe
Herkunft Europa, Kaukasus, Westasien, Nordafrika
Höhe 3–15 m
Wuchs Immergrüner Baum oder mehrstämmiger Strauch mit dunkelgrüner Benadelung.
Vorkommen, Verwendung Berghangwälder, auch verwildert. Für Parks, Friedhöfe, Hecken, als Waldunterpflanzung und Windschutz; verträgt scharfen Schnitt. Liebt kalkhaltigen, frischen Boden und Halbschatten.
Vermehrung durch Stecklinge
Blüten ❁ zweihäusiger Windblütler. Männliche Blüten rundlich in kopfförmig gedrängten Trauben, weißlich gelb; weibliche Blüten einzeln, unscheinbar.
Pollenhöschenfarbe weißgelb
Anmerkung Unter weiteren Arten: Japanische Eibe *(Taxus cuspidata)*.

Mittagsblume ♃ ⊙

— *Lampranthus*-Hybriden

NEKTAR						
MÄR	APR	MAI	JUN	JUL	AUG	SEP
				2 2	2 2	2 2

POLLEN						
MÄR	APR	MAI	JUN	JUL	AUG	SEP
				2 2	2 2	2 2

Herkunft Südafrika
Höhe 20–40 cm
Wuchs Ausdauernde Sukkulente, verzweigt, fleischige, rundliche bis dreieckige Blätter.
Vorkommen, Verwendung Für Steingärten oder Töpfe, auch als Bodendecker, auf trockenen, mittleren Böden in voller Sonne. Frostempfindlich, Überwinterung im Wintergarten.
Vermehrung durch Stecklinge, jährliche Anzucht.

Blüten ❁ margeritenartig, mit gelber Blütenscheibe und Strahlenblüten in leuchtend-gelb, rot, rosa, orange, violett oder weiß.
Pollenhöschenfarbe gelb
Anmerkung Viele Arten und Sorten.

Echter Baldrian ♃
— Valeriana officinalis

NEKTAR

MÄR	APR	MAI	JUN	JUL	AUG	SEP
			2	2 2	2 2	

POLLEN

MÄR	APR	MAI	JUN	JUL	AUG	SEP
			1	1 1	1 1	

Weitere Namen Großer Baldrian, Arznei-Baldrian, Waldspeik
Herkunft Europa, Westasien
Höhe 30–170 cm
Wuchs Staude mit gefiederten Blättern und lanzettlichen, gezähnten Blättchen.
Vorkommen, Verwendung Feuchte Laub-, Misch- und Nadelwälder, Lichtungen, nasse Wiesen, Gräben. Heilpflanze, liebt feuchte, nährstoffreiche, lehmige Böden.

Vermehrung durch Aussaat oder Wurzelteile.
Blüten zahlreich in endständigen Doldenrispen, hell- bis weißrot.
Pollenhöschenfarbe hellgelb
Anmerkung Mehrere weitere Baldrian-Arten.

Kanadisches Buschgeißblatt ♄
— Diervilla lonicera

NEKTAR						
MÄR	APR	MAI	JUN	JUL	AUG	SEP
			2 2	2 2		

POLLEN						
MÄR	APR	MAI	JUN	JUL	AUG	SEP
			2 2	2 2		

Herkunft Nordamerika
Höhe 1–1,5 m
Wuchs Strauch, buschig, mit oval-lanzettlichen Blättern.
Vorkommen, Verwendung Das Buschgeißblatt ist Ausläufer treibend, deshalb besonders für Böschungen und als Bodendecker auf fast jedem durchlässigem Boden geeignet. Gedeiht in Sonne und Halbschatten.
Vermehrung durch Stecklinge oder Teilung.

Blüten an neuen Trieben in den Blattachseln oder endständig in rispenartigen Ständen, trichterförmig, zweilippig, gelb.
Pollenhöschenfarbe graugelb
Anmerkung Unter weiteren Arten: Stielloses Buschgeißblatt *(Diervilla sessilifolia)*, Prächtiges Buschgeißblatt *(Diervilla* x *splendens)*.

Rote Heckenkirsche ♄

— Lonicera xylosteum

NEKTAR						
MÄR	APR	MAI	JUN	JUL	AUG	SEP
		2 2	2 2			

NEKTAR						
MÄR	APR	MAI	JUN	JUL	AUG	SEP
		2 2	2 2			

Weitere Namen Gewöhnliche Heckenkirsche
Herkunft Europa, Asien
Höhe 2–5 m
Wuchs Strauch, aufrecht bis leicht übergeneigt wachsend, hohle Äste, eiförmige Blätter.
Vorkommen, Verwendung Auf kalkhaltigen Böden an Waldsäumen. Für Hecken, Strauchgruppen, Unter- und Schutzpflanzungen. Sehr anpassungsfähig, in Sonne oder Halbschatten. Liebt nährstoffreichen Boden.

Blüten in den Blattachseln jeweils zu zweit an einem Stiel, röhrenförmig, zweilippig, cremeweiß.
Pollenhöschenfarbe graugelb
Anmerkung Unter weiteren Arten: Schwarze Heckenkirsche *(L. nigra)*, Blaue Heckenkirsche *(L. caerulea)*, Maacks Heckenkirsche *(L. maackii)*.

Tatarische Heckenkirsche ♄ H
— Lonicera tatarica

NEKTAR

MÄR	APR	MAI	JUN	JUL	AUG	SEP
		2 2	2 2			

POLLEN

MÄR	APR	MAI	JUN	JUL	AUG	SEP
		2 2	2 2			

Weitere Namen Tataren-Heckenkirsche
Herkunft Kaukasus, Mittelasien
Höhe 2–3 m
Wuchs Breit buschiger Strauch mit eiförmig-lanzettlichen Blättern.
Vorkommen, Verwendung Für Hecken und Strauchgruppen in Parks und Gärten. Anpassungsfähig, gedeiht in Sonne und Halbschatten auf nährstoffreichen, kalkhaltigen Böden.
Vermehrung durch Stecklinge.

Blüten in den Blattachseln, jeweils zu zweit an einem Stiel, röhrenförmig, zweilippig, weiß bis dunkelrosa.
Pollenhöschenfarbe graugelb
Anmerkung Viele Formen. Unter weiteren Arten: Durchsichtige Heckenkirsche *(Lonicera quinquelocularis)*, Waldgeißblatt *(Lonicera periclymenum*, Illustration*)*.

Liebliche Kolkwitzie
— Kolkwitzia amabilis

♄ H

NEKTAR

MÄR	APR	MAI	JUN	JUL	AUG	SEP
		2	2 2			

POLLEN

MÄR	APR	MAI	JUN	JUL	AUG	SEP
		2	2 2			

Herkunft China
Höhe 2–3 m
Wuchs Zierstrauch, breit und locker wachsend, ältere Zweige überhängend, mit breit eiförmigen Blättern.
Vorkommen, Verwendung Die Kolkwitzie ist ein beliebter Zierstrauch mit großer Blütenfülle. Anspruchslos an den Boden, rauchhart, liebt Sonne.
Vermehrung durch Stecklinge oder Aussaat.

Blüten ✿ zahlreich in seitenständigen, büscheligen Trauben, glockig, weißrosa mit gelbem Saftmal.
Pollenhöschenfarbe hellgrau
Anmerkung Einzige Art; Zuchtsorte: 'Pink Cloud'.

Gewöhnliche Schneebeere

— *Symphoricarpos albus*

ħ

NEKTAR						
MÄR	APR	MAI	JUN	JUL	AUG	SEP
			3 3	3 3	3 3	3 3

POLLEN						
MÄR	APR	MAI	JUN	JUL	AUG	SEP
			1 1	1 1	1 1	1 1

Weitere Namen Knallerbsenstrauch
Herkunft Nordamerika
Höhe 1,5–2 m
Wuchs Strauch, dicht wachsend, überhängende Bezweigung, breit-eiförmige Blätter.
Vorkommen, Verwendung Für Hecken in Parkanlagen, als Unterholz und für feldschützende Hecken. Ausläufer treibend, anspruchslos an Boden und Licht.
Vermehrung durch Stecklinge.

Blüten ❀ am Ende der Zweige und in den oberen Blattachseln, in gedrungenen Trauben, klein, weiß, rosa überlaufen.
Pollenhöschenfarbe weißgelb
Anmerkung Unter weiteren Arten: Korallenbeere *(Symphocarpos orbiculatus)*, Purpurbeere *(Symphocarpus* x *chenaultii)*, Bastard-Schneebere *(Symphocarpos* x *doorenbosii)* in Sorten.

Liebliche Weigelie ♄
— *Weigela florida*

NEKTAR

MÄR	APR	MAI	JUN	JUL	AUG	SEP
		2	2 2			

POLLEN

MÄR	APR	MAI	JUN	JUL	AUG	SEP
		2	2 2			

Weitere Namen Glockenstrauch
Herkunft Nordchina, Korea
Höhe 2–3 m
Wuchs Strauch, aufrecht wachsend, vieltriebig, überhängende Zweige mit elliptischen, gesägten Blättern.
Vorkommen, Verwendung Für Einzelpflanzung und in Gruppen, auch in gemischten Blütenhecken. Bevorzugt nährstoffreichen, frischen Boden und sonnigen Platz. Robust und pflegeleicht. Eine Verjüngung des Strauches durch Ausschneiden alter Triebe wird empfohlen.
Vermehrung durch Stecklinge.
Blüten ❀ in achselständigen Rispen, trichterförmig, rosa, in Sorten weiß bis rot.
Pollenhöschenfarbe weißgelb
Anmerkung Mehrere Sorten.

Großblütige Ballonblume ♃
— *Platycodon grandiflorus*

NEKTAR						
MÄR	APR	MAI	JUN	JUL	AUG	SEP
				2 2	2 2	

POLLEN						
MÄR	APR	MAI	JUN	JUL	AUG	SEP
				2 2	2 2	

Weitere Namen Ballonglockenblume, Breitglocke, Plattglocke
Herkunft China, Japan
Höhe 40–75 cm
Wuchs Staude, aufrecht, horstbildend, elliptische bis lanzettliche, gesägte Blätter.
Vorkommen, Verwendung Ballonblumen sind geeignet für bunte Beete, gemischte Rabatten, Zwergformen auch in Steingärten auf sandig-lehmigem, frischem Boden an sonnigem Standort.
Vermehrung durch Aussaat, Stecklinge oder Teilung.
Blüten ❀ am Ende der Stängel aus ballonförmigen Knospen als Glocken; Sorten in blau, violett, rosa und weiß.
Pollenhöschenfarbe hellgelb
Anmerkung Mehrere Sorten.

Acker-Glockenblume

— *Campanula rapunculoides*

♃

NEKTAR						
MÄR	APR	MAI	JUN	JUL	AUG	SEP
			2 2	2 2	2 2	

POLLEN						
MÄR	APR	MAI	JUN	JUL	AUG	SEP
			2 2	2 2	2 2	

Weitere Namen Rapunzelartige Glockenblume
Herkunft Europa
Höhe 30–80 cm
Wuchs Staude, aufrecht, mit schmal-herzförmigen, gezähnten Blättern. Wurzelausläufer.
Vorkommen, Verwendung Äcker, Wege, Gebüsche; Zierpflanze, auch Wurzel- und Blattgemüse, für Rabatten und Gehölzränder auf kalkhaltigem, lehmigem Boden an sonnigem bis halbschattigem Standort.

Vermehrung durch Teilen.
Blüten ✿ nickend, in einer einseitswendigen, schlanken Traube, Blütenkrone nach außen gespreizt, fünfzipfelig, blauviolett.
Pollenhöschenfarbe blaugrau
Anmerkung Unter weiteren Arten: Dolden-Glockenblume *(Campanula lactiflora)*, Knäuel-Glockenblume *(Campanula glomerata)*.

Hängepolster-Glockenblume ♃
— *Campanula poscharskyana*

NEKTAR

MÄR	APR	MAI	JUN	JUL	AUG	SEP
		2	2 2	2 2	2 2	2

POLLEN

MÄR	APR	MAI	JUN	JUL	AUG	SEP
		2	2 2	2 2	2 2	2

Weitere Namen Hänge-Glockenblume
Herkunft Südeuropa
Höhe 20–30 cm
Wuchs Polsterstaude, büschelig wachsend mit rundlichen, gezähnten Blättern.
Vorkommen, Verwendung Bodendecker für Böschungen, Mauern, Steingärten, als Vordergrund gemischter Rabatten auf lockerem, frischem Boden an sonnigem bis halbschattigem Standort.
Vermehrung durch Teilen.

Blüten ✿ in Rispen, sternförmig, lavendelblau.
Pollenhöschenfarbe hellgrau
Anmerkung Unter weiteren Arten: Dalmatinische Glockenblume *(Campanula portenschlagiana)*, Karpaten-Glockenblume *(Campanula carpatica)*.

Marien-Glockenblume
— Campanula medium

⊙

NEKTAR						
MÄR	APR	MAI	JUN	JUL	AUG	SEP
			2 2	2 2	2 2	2

POLLEN						
MÄR	APR	MAI	JUN	JUL	AUG	SEP
			2 2	2 2	2 2	2

Herkunft Südeuropa
Höhe 60–100 cm
Wuchs Zweijährige Pflanze, aufrecht mit einfachem oder verzweigtem Stängel und elliptischen Blättern.
Vorkommen, Verwendung Traditionelle Pflanze für Bauerngärten; für bunte Rabatten und Gehölz- oder Heckenränder auf lockerem, steinig-humosem, frischem Lehmboden und Halbschatten.
Vermehrung durch Aussaat.

Blüten ❀ in lockeren Rispen, breitröhrig, walzlig mit zurückgebogenem Rand, in Sorten blau, rosa oder weiß.
Pollenhöschenfarbe gelb
Anmerkung Unter weiteren Arten: Pfirsichblättrige Glockenblume *(Campanula persicifolia)*, ferner zahlreiche Wildarten.

Fackellilie ♃
— Kniphofia-Sorten

NEKTAR						
MÄR	APR	MAI	JUN	JUL	AUG	SEP
			3	3 3	3 3	3

POLLEN						
MÄR	APR	MAI	JUN	JUL	AUG	SEP
			3	3 3	3 3	3

Weitere Namen Raketenblume, Tritome
Herkunft Süd- und Ostafrika
Höhe 60–120 cm
Wuchs Ausdauernd, horstbildend, mit aufrechtem, kahlem Stängel und grundständigen Riemenblättern.
Vorkommen, Verwendung Anspruchslose Zierpflanze für gemischte Beete und als Hintergrund, für frische lehmige Sandböden mit mittlerem Nährstoffgehalt an sonnigem und windgeschütztem Standort. Frostschutz durch Zusammenbinden und Abdecken der Blatthorste.
Vermehrung durch Teilung.
Blüten ✳ röhrig, zahlreich in einer großen Ähre am Ende des Stängels, rot, gelb, cremefarben und grün, auch zweifarbig.
Pollenhöschenfarbe gelb
Anmerkung Zahlreiche Sorten und Arten.

Riesen-Steppenkerze ♃
— Eremurus robustus

NEKTAR						
MÄR	APR	MAI	JUN	JUL	AUG	SEP
			2 2	2 2		

POLLEN						
MÄR	APR	MAI	JUN	JUL	AUG	SEP
			2 2	2 2		

Weitere Namen Turkestan-Steppenkerze, Kleopatranadel, Wüstenschweif, Lilienschweif
Herkunft Asien
Höhe 80–200 cm
Wuchs Stattliche, horstbildende Staude mit aufrechtem Stängel und grundständigen Büscheln lanzettlicher Blätter, die während der Blüte einziehen.
Vorkommen, Verwendung Wild auf trockenen Hochebenen Asiens, Zierpflanze, frosthart, für Steppen- und Staudenpflanzungen, in Einzelstellung oder kleinen Gruppen, auf durchlässigen, sandig-lehmigen, nährstoffhaltigen Böden in sonniger Lage.
Blüten ✳ glockenförmig, zwittrig, zahlreich, dichttraubig an den blattlosen Blütenstandschäften, in Sorten weiß, gelb, rosa und rot.
Pollenhöschenfarbe braun
Anmerkung Viele Sorten und Arten.

Garten-Akelei ♃
— *Aquilegia*-Hybriden

NEKTAR

MÄR	APR	MAI	JUN	JUL	AUG	SEP
		2	2 2	2		

POLLEN

MÄR	APR	MAI	JUN	JUL	AUG	SEP
		3	3 3	3		

Herkunft Europa, Nordamerika, Asien
Höhe 40–80 cm
Wuchs Stauden, horstbildend, aufrecht, dreilappige Blätter, dreilappige Blättchen.
Vorkommen, Verwendung Für Beete oder Gehölz- und Heckenränder. Liebt durchlässigen, sandig-humosen Gartenboden, halbschattige Lage.
Vermehrung durch Teilen oder Aussaat.
Blüten ❀ endständig in lockerem, traubigem Blütenstand. Die Blütenblätter laufen kapuzenartig in je einen Sporn aus. Je nach Sorte weiß, gelb, rosa, violett oder blau.
Pollenhöschenfarbe ocker
Anmerkung Einheimische Art: Wald-Akelei *(Aquilegia vulgaris)*, Elternteil zahlreicher Hybriden.

Gewöhnliches Leberblümchen ♃
— *Hepatica nobilis*

NEKTAR

MÄR	APR	MAI	JUN	JUL	AUG	SEP
0	0 0	0				

POLLEN

MÄR	APR	MAI	JUN	JUL	AUG	SEP
2	2 2	2				

Weitere Namen Dreilappiges Leberblümchen
Herkunft Europa, Asien, Nordamerika
Höhe 8–20 cm
Wuchs Staude mit grundständigen, dreilappigen, immergrünen Blättern und je 3 kleinen Hochblättern an den Blütenstängeln.
Vorkommen, Verwendung Laub- und Auwälder, Gebüsche. Zierpflanze für Steingärten auf kalkhaltigen, frischen, lehmigen Böden; Halbschatten.
Vermehrung durch Samen oder Teilung.

Blüten ✳ einzeln an je einem Stängel; blau, violett, rosa oder weiß.
Pollenhöschenfarbe weiß
Anmerkung Unter weiteren Hahnenfußgewächsen: Arten der Kuhschelle *(Pulsatilla)*.

Schwarze Nieswurz ♃
— *Helleborus niger*

NEKTAR						
MÄR	APR	MAI	JUN	JUL	AUG	SEP
2 2	2					

POLLEN						
MÄR	APR	MAI	JUN	JUL	AUG	SEP
3 3	3					

Weitere Namen Christrose, Schneerose
Herkunft Europa, Westasien
Höhe 5–25 cm
Wuchs Staude, horstbildend, mit aufrechtem Stängel und immergrünen, handförmig geteilten Grundblättern.
Vorkommen, Verwendung Bergwälder; Zierpflanze für gemischte Rabatten, am Gehölzrand auf humosen, frischen, kalk- und nährstoffhaltigen Böden im Halbschatten.

Blüten ❀ einzeln am Ende des Stängels oder eines Astes, breit ovale Blütenblätter, weiß, dazwischen grünlich gelbe „Honigblätter".
Pollenhöschenfarbe weißgelb
Anmerkung In Sorten. Unter weiteren Arten: Stinkende Nieswurz *(Helleborus foetidus)*, Orientalische Nieswurz *(Helleborus orientalis)*.

Frühlings-Scharbockskraut ♃
— *Ranunculus ficaria*

NEKTAR						
MÄR	APR	MAI	JUN	JUL	AUG	SEP
	2 2	2 2				

POLLEN						
MÄR	APR	MAI	JUN	JUL	AUG	SEP
	2 2	2 2				

Weitere Namen Gewöhnliches Scharbockskraut, Feigwurz
Herkunft Europa, Südwestasien, Nordwestafrika
Höhe 5–25 cm
Wuchs Staude mit aufsteigendem Stängel und herz-nierenförmigen, gekerbten bis handförmig-eckigen Blättern, die vor der Blüte essbar sind.
Vorkommen, Verwendung Auwälder, feuchte Laubwälder, Hecken, Gebüsche und Parks. Zierpflanze, sonnige bis schattige Standorte, humose, frische Böden.
Vermehrung durch Teilen.
Blüten ❁ einzeln aus den Achseln der obersten Blätter; 6–14 Blütenblätter, gelb, in Sorten cremeweiß und goldgelb.
Pollenhöschenfarbe gelblich
Anmerkung Mehrere Sorten sowie weitere wild wachsende und kultivierte *Ranunculus*-Arten.

Damaszener Schwarzkümmel
— Nigella damascena

⊙

NEKTAR

MÄR	APR	MAI	JUN	JUL	AUG	SEP
			3 3	3 3	3 3	

POLLEN

MÄR	APR	MAI	JUN	JUL	AUG	SEP
			2 2	2 2	2 2	

Weitere Namen Jungfer im Grünen, Türkischer Schwarzkümmel, Braut in Haaren u. a.
Herkunft Südeuropa, Kleinasien, Nordafrika, Kanarische Inseln
Höhe 30–50 cm
Wuchs Einjährige Pflanze mit aufrechtem, verzweigtem Stängel und länglichen, zwei- bis dreifach gefiederten, schmalen Blättern.
Vorkommen, Verwendung Aus Gärten verwilderte alte Heil- und Gewürzpflanze. Genügsame Zierpflanze für Bauerngärten und gemischte Rabatten auf sandigen, humosen, durchlässigen Böden an sonnigen bis halbschattigen Plätzen.
Vermehrung Aussaat im Frühjahr; samt sich auch selbst aus.
Blüten ❀ am Ende der verzweigten Stängel, zwittrig, weiß, rosa und blau, umgeben von feinen, zerschlitzten Hochblättern.
Pollenhöschenfarbe gelblich
Anmerkung In mehreren Sorten. Andere Art: Acker-Schwarzkümmel *(Nigella arvensis)*.

Garten-Waldrebe

— *Clematis,* großblumige Hybriden

ħ

NEKTAR						
MÄR	APR	MAI	JUN	JUL	AUG	SEP
				2 2	2 2	2

POLLEN						
MÄR	APR	MAI	JUN	JUL	AUG	SEP
				2 2	2 2	2

Herkunft Kreuzungshybriden von Wildarten verschiedener Herkünfte, z. B. aus Mitteleuropa, Südeuropa und China

Höhe 3–4 m

Wuchs Klettersträucher mit 3- bis 5-zähligen Blättern.

Vorkommen, Verwendung Für Pergolen, Spaliere, Zäune auf nährstoffreichen, kalkhaltigen, frischen Böden an geschütztem Platz mit beschattetem Wurzelfuß.

Blüten ✳ in den Achseln der oberen Blätter, 4- bis 6-zählig, blau, violett, purpurviolett, rot, weiß oder zweifarbig.

Pollenhöschenfarbe lilagrau

Anmerkung Viele Sorten. Illustration: Alpen-Waldrebe

Weiße Waldrebe ♄
— *Clematis vitalba*

NEKTAR						
MÄR	APR	MAI	JUN	JUL	AUG	SEP
				2 2	2 2	2

POLLEN						
MÄR	APR	MAI	JUN	JUL	AUG	SEP
				2 2	2 2	2

Weitere Namen Gewöhnliche Waldrebe
Herkunft Europa, Kaukasus, Nordafrika
Höhe 5–15 m
Wuchs Liane, mit gefiederten Blättern.
Vorkommen, Verwendung Klettert in Auwäldern und an Waldrändern an den Bäumen empor. Geeignet für die Begrünung hoher Hecken, Mauern und Zäune großer Gärten auf nährstoff- und humusreichen, kalkhaltigen, frischen Böden. Der Wurzelfuß soll beschattet sein.

Blüten ✿ aus den Blattachseln und an den Triebenden in Trugdolden, milchig weiß.
Pollenhöschenfarbe blassgelb
Anmerkung Unter weiteren Clematis-Arten: Berg-Waldrebe *(Clematis montana)*, Alpen-Waldrebe *(Clematis alpina)* und zahlreiche Hybriden.

Gelbe Wiesenraute ♃

— *Thalictrum flavum*

NEKTAR

MÄR	APR	MAI	JUN	JUL	AUG	SEP
			0 0	0 0	0 0	

POLLEN

MÄR	APR	MAI	JUN	JUL	AUG	SEP
			2 2	2 2	2 2	

Herkunft Gemäßigte nördliche Hemisphäre
Höhe 50–120 cm
Wuchs Staude mit unverzweigtem Stängel und zwei- bis dreifach fiederteiligen Stängelblättern mit eiförmig-lanzettlichen Blättchen.
Vorkommen, Verwendung Feuchte Wiesen und Flachmoore, Rand von Schilfröhricht. In Sorten zur Verwendung als Hintergrundpflanze für humushaltige, frische Lehmböden.
Blüten ✿ Vielästige Rispe am Ende des Stängels. Die gelben Blütenblätter fallen zeitig ab. Zahlreiche Staubblätter, grünlich gelb, in Sorten auch schwefelgelb.
Pollenhöschenfarbe gelb
Anmerkung Unter weiteren Arten als Wildpflanzen und in Kultur: Akeleiblättrige Wiesenraute *(Thalictrum aquilegifolium)*.

Wald-Windröschen ♃
— *Anemone sylvestris*

NEKTAR						
MÄR	APR	MAI	JUN	JUL	AUG	SEP
	0 0	0 0				

POLLEN						
MÄR	APR	MAI	JUN	JUL	AUG	SEP
	2 2	2 2				

Weitere Namen Großes Windröschen
Herkunft Europa, Asien
Höhe 15–50 cm
Wuchs Staude mit aufrechtem Stängel und handförmigen, 3–5-teiligen Hochblättern.
Vorkommen, Verwendung Gebüsche, lichte Trockenwälder. Zierpflanze für halbschattige Standorte auf lockerem, kalkhaltigem, lehmigem Boden.
Vermehrung durch Teilen; breitet sich auch selbst aus.

Blüten ✳ einzeln, selten zwei, aus einem Hochblattquirl; weiß.
Pollenhöschenfarbe weißlich
Anmerkung Ähnliche Wildpflanzen: Busch-Windröschen *(A. nemorosa)*; Gelbes Windröschen *(A. ranunculoides)*. In Sorten: Kronen-Windröschen *(A. coronaria)*; Strahlen-Windröschen *(A. blanda)*; Herbstanemone (Hybriden).

Kleiner Winterling ♃
— *Eranthis hyemalis*

NEKTAR						
MÄR	APR	MAI	JUN	JUL	AUG	SEP
2 2	2					

POLLEN						
MÄR	APR	MAI	JUN	JUL	AUG	SEP
3 3	3					

Weitere Namen Schöner Winterling
Herkunft Südeuropa in Laubwäldern, als Neophyt in Zentraleuropa
Höhe 5–10 cm
Wuchs Ausdauernde, krautige, winterharte Pflanze mit einem breiten Stängel.
Vorkommen, Verwendung Verwildert in lichten Gebüschen. Als Zierpflanze zur Unterpflanzung von Gehölzen auf lockeren, humusreichen, frischen bis feuchten Böden an halbschattigen Standorten.

Vermehrung durch Teilung oder Aussaat. Vermehrt sich auch selbst und breitet sich im Garten aus.
Blüten ✳ über einem Wirtel von drei handförmigen, geteilten Hochblättern, zwittrig, gelb. Zwischen den Blüten- und den Staubblättern befinden sich zahlreiche Nektarblätter.
Pollenhöschenfarbe gelblich
Anmerkung Kultursorte: Tubergens Winterling *(Eranthis* x *tubergenii).*

Türkei-Winterling ♃
— *Eranthis cilicica*

NEKTAR

MÄR	APR	MAI	JUN	JUL	AUG	SEP
2 2	2					

POLLEN

MÄR	APR	MAI	JUN	JUL	AUG	SEP
3 3	3					

Herkunft Kleinasien
Höhe 5–20 cm
Wuchs Staude mit aufrechtem Stängel, an dessen Ende eine Krause von glänzenden Hochblättern mit tief eingeschnittenen lanzettlichen Zipfeln.
Vorkommen, Verwendung Für Steingärten, Blumenbeete, vor Gehölzen in Gruppen, auf durchlässigen, frischen, kalkhaltigen Böden an sonnigem bis halbschattigem Standort.
Vermehrung durch Teilen oder Aussaat.

Blüten ✳ einzeln am Ende des Stängels, gelb.
Pollenhöschenfarbe gelblich
Anmerkung Weitere kultivierte Winterlinge: Tubergens Winterling *(Eranthis* x *tubergenii).*

Tüpfel-Hartheu ♃
— *Hypericum perforatum*

NEKTAR

MÄR	APR	MAI	JUN	JUL	AUG	SEP
			0	0 0	0 0	0

POLLEN

MÄR	APR	MAI	JUN	JUL	AUG	SEP
			3	3 3	3 3	3

Weitere Namen Tüpfel-Johanniskraut, Echtes Johanniskraut
Herkunft Gemäßigte nördliche Hemisphäre
Höhe 30–80 cm
Wuchs Staude mit aufrechtem, im Blütenbereich meist verzweigtem Stängel und ovalen, durchscheinend punktierten Blättern.
Vorkommen, Verwendung Waldlichtungen, Gebüsche, Trockenrasen, Bahnschotter. Als Heilpflanze kultiviert auf durchlässigen, trockenen Böden.

Vermehrung durch Aussaat oder Teilen.
Blüten ❀ in Doldenrispen am Ende des Stängels und der oberen Äste; viele Staubblätter, goldgelb.
Pollenhöschenfarbe gelb
Anmerkung Weitere Arten und Hybriden, vor allem als niedrige Ziersträucher in Kultur.

Kornelkirsche ħ ħ
— *Cornus mas*

NEKTAR

MÄR	APR	MAI	JUN	JUL	AUG	SEP
3	3 3					

POLLEN

MÄR	APR	MAI	JUN	JUL	AUG	SEP
2	2 2					

Weitere Namen Herlitze, Dirlitze
Herkunft Mittel- und Südosteuropa, Kleinasien
Höhe 3–8 m
Wuchs Strauch oder Baum, sparrig, mit eiförmigen Blättern.
Vorkommen, Verwendung Lichte Wälder und Gebüsche. Zier- und Vogelschutz-, in Südost-Europa auch Obstgehölz, für Einzel- oder Gruppenpflanzung und Hecken. Bevorzugt lehmigen, kalkhaltigen Boden und sonnigen bis halbschattigen Standort. Schnittverträglich.
Blüten vor den Blättern in kugeligen Dolden, goldgelb, von 4 gelblich-grünen Hochblättern umgeben.
Pollenhöschenfarbe graugelb
Anmerkung Verschiedene Arten und Hybriden als Ziersträucher; unter genießbaren großfrüchtigen Sorten 'Jolico' und 'Kasanlak'.

Japanische Azalee
— *Rhododendron*-Hybriden

ħ

NEKTAR						
MÄR	APR	MAI	JUN	JUL	AUG	SEP
		2 2	2 2			

POLLEN						
MÄR	APR	MAI	JUN	JUL	AUG	SEP
		2 2	2 2			

Weitere Namen Alpenrose
Herkunft Mehrfachkreuzungen aus meist ostasiatischen Arten
Höhe 0,3–1,5 m
Wuchs Strauch, breit buschig, winter- oder immergrün mit eiförmigen bis lanzettlichen kleinen Blättern.
Vorkommen, Verwendung Steingarten-, Heidegarten- und Parkpflanze für humose, frische, schwach saure Böden an absonnigen Standorten.
Vermehrung durch Senker.
Blüten ❀ am Ende der Zweige in Doldentrauben, in Rosa-, Violett- und Rottönen bis weiß.
Pollenhöschenfarbe gelblich
Anmerkung Zahlreiche Arten und Hybriden aus Europa, Asien und Amerika.

Besen-Heide ♄
— Calluna vulgaris

NEKTAR						
MÄR	APR	MAI	JUN	JUL	AUG	SEP
					3 3	3 3

POLLEN						
MÄR	APR	MAI	JUN	JUL	AUG	SEP
					3 3	3 3

Weitere Namen Heidekraut
Herkunft Europa, Asien
Höhe 0,3–0,7 m
Wuchs Zwergstrauch mit aufsteigenden Stämmchen, vielen aufrechten Zweigen und schuppenartig kleinen, immergrünen Blättern.
Vorkommen, Verwendung Heiden, Moore, lichte Wälder; saure, nährstoffarme Böden. Gartenformen auch auf nährstoffreicheren, aber sauren, durchlässigen Böden.
Vermehrung durch Stecklinge.

Blüten ✿ in einseitswendigen Trauben, nickend, gleichfarbene Kelch- und Blütenblätter, blass- bis purpurrosa.
Pollenhöschenfarbe grau
Anmerkung Viele Sorten in Farben von weiß bis rot.

Schnee-Heide ♄

— Erica carnea

NEKTAR

MÄR	APR	MAI	JUN	JUL	AUG	SEP
4 4	4 4					

POLLEN

MÄR	APR	MAI	JUN	JUL	AUG	SEP
2 2	2 2					

Weitere Namen Frühlings-Heide
Herkunft Europa
Höhe 0,2–0,4 m
Wuchs Zwergstrauch, Zweige aufsteigend, mit nadelförmigen Blättern.
Vorkommen, Verwendung Wild in den Alpen und Hochlagen der Mittelgebirge. Heide- und Steingärten, Terrassenmauern. Liebt lockeren, humosen Boden.
Vermehrung durch Stecklinge

Blüten am Ende der Zweige traubige Blütenstände mit zahlreichen krugförmigen Blüten, rot bis weiß.
Pollenhöschenfarbe gelbbraun
Anmerkung Viele Sorten. Unter weiteren Arten in jeweils vielen Sorten Glocken-Heide *(Erica tetralix)*, Graue Heide *(Erica cinerea)*.

Gewöhnlicher Blasenstrauch ♄
— *Colutea arborescens*

NEKTAR						
MÄR	APR	MAI	JUN	JUL	AUG	SEP
			3 3	3 3	3 3	

POLLEN						
MÄR	APR	MAI	JUN	JUL	AUG	SEP
			2 2	2 2	2 2	

Herkunft Südeuropa, Nordafrika
Höhe 2–4 m
Wuchs Aufrecht wachsender Strauch mit gefiederten Blättern und elliptischen Blättchen.
Vorkommen, Verwendung Zur Bepflanzung von Böschungen auf trockenen und steinigen, kalkhaltigen Böden in sonniger Lage.
Blüten ✿ aus den Blattachseln zu 6–8 in aufrechten Trauben, gelb.

Pollenhöschenfarbe gelbbraun
Anmerkung Unter weiteren Arten: Bastard-Blasenstrauch *(Colutea* x *media)*.

Gewöhnlicher Erbsenstrauch ♄

— *Caragana arborescens*

NEKTAR						
MÄR	APR	MAI	JUN	JUL	AUG	SEP
		2 2				

POLLEN						
MÄR	APR	MAI	JUN	JUL	AUG	SEP
		2 2				

Herkunft Sibirien, Zentralasien
Höhe 3–6 m
Wuchs Aufrecht wachsender, wenig verzweigter Strauch mit gefiederten Blättern und elliptischen Blättchen.
Vorkommen, Verwendung Hecken- und Windschutzgehölz, zur Bepflanzung trockener Böschungen. Der Erbsenstrauch ist anspruchslos an Boden und Feuchtigkeit und toleriert sogar Salz. Frosthart, lichtbedürftig. Staunässe vermeiden.

Blüten goldgelb, einzeln oder in kleinen Büscheln entlang der Zweige.
Pollenhöschenfarbe gelblich
Anmerkung Mehrere Sorten. Unter weiteren Arten: Zwerg-Erbsenstrauch *(Caragana pygmaea)*, Orangeblütiger Erbsenstrauch *(Caragana aurantiaca)*.

Saat-Esparsette ♃
— Onobrychis viciifolia

NEKTAR						
MÄR	APR	MAI	JUN	JUL	AUG	SEP
		4	4 4	4		

POLLEN						
MÄR	APR	MAI	JUN	JUL	AUG	SEP
		4	4 4	4		

Weitere Namen Futter-Esparsette, Esper
Herkunft Iran, Naher Osten
Höhe 30–80 cm
Wuchs Ausdauernde Pflanze mit aufrechtem Stängel und gefiederten Blättern.
Vorkommen, Verwendung Verwildert auf Halbtrockenrasen, Trockenwiesen und an Böschungen; Stickstoff sammelnde Pionier- und Futterpflanze für flachgründige, trockene Kalkböden.
Vermehrung Aussaat unter Deckfrucht.

Blüten in endständigen, traubenförmigen Blütenständen; Schmetterlingsblüten mit Klappvorrichtung rosa, dunkelpurpurn geadert.
Pollenhöschenfarbe gelbbraun
Anmerkung Unter weiteren Arten: Sand-Esparsette *(O. arenaria)*, Berg-Esparsette *(O. montana)*.

Dreidornige Gleditschie
— *Gleditsia triacanthos*

ħ

NEKTAR						
MÄR	APR	MAI	JUN	JUL	AUG	SEP
			4 4	4		

POLLEN						
MÄR	APR	MAI	JUN	JUL	AUG	SEP
			1 1	1		

Weitere Namen Amerikanische Gleditschie, Lederhülsenbaum, Falscher Christusdorn
Herkunft Nordamerika
Höhe 15–25 m
Wuchs Baum mit ausladender Krone und langen Dornen. Blätter meist doppelt gefiedert.
Vorkommen, Verwendung Parkbaum, stadt- und industriefest. Auch für hohe Schutzhecken und zur Ödlandbepflanzung. Verträgt nährstoffarmen, sandigen und steinigen, bevorzugt frischen Boden. Sonne bis dichter Schatten.
Blüten ✿ einhäusig. Männliche und weibliche Blüten in getrennten Blütenständen, grünlich; männliche in dichten hängenden Trauben, weibliche unscheinbar in Ähren.
Pollenhöschenfarbe braun
Anmerkung Mehrere Sorten, auch ohne Dornen.

Gewöhnlicher Hornklee ♃
— *Lotus corniculatus*

NEKTAR						
MÄR	APR	MAI	JUN	JUL	AUG	SEP
		3	3 3	3 3	3 3	3

POLLEN						
MÄR	APR	MAI	JUN	JUL	AUG	SEP
		1	1 1	1 1	1 1	1

Weitere Namen Hornschotenklee
Herkunft Alle gemäßigten Zonen der Welt
Höhe 10–40 cm
Wuchs Ausdauernde Wild- und Futterpflanze mit fünfteilig gefiederten Blättern.
Vorkommen, Verwendung Wiesen, Wegränder. Landwirtschaftliche Kulturpflanze für langjährige Klee-Gras-Gemische, kalkhaltige, lehmige Böden. Stickstoffsammler.
Blüten ✿ zu 3–6 in doldig-halbkugeligen Blütenständen am Ende des Stängels und der Zweige; Schmetterlingsblüten mit Pumpvorrichtung, hell- oder goldgelb, Fahne und Schiffchen auch rot überlaufen.
Pollenhöschenfarbe gelbbraun
Anmerkung Unter weiteren Arten: Sumpf-Hornklee *(Lotus uliginosus)*.

Schweden-Klee ♃

— Trifolium hybridum

NEKTAR						
MÄR	APR	MAI	JUN	JUL	AUG	SEP
		4	4 4	4 4	4 4	4

POLLEN						
MÄR	APR	MAI	JUN	JUL	AUG	SEP
		3	3 3	3 3	3 3	3

Weitere Namen Bastard-Klee
Herkunft Atlantisches Europa
Höhe 20–60 cm
Wuchs Ausdauernd, mit aufrechtem oder aufsteigendem Stängel und dreiteiligen Blättern. Blättchen fein gezähnt.
Vorkommen, Verwendung Wegränder, Uferböschungen. Futterpflanze für Wiesen, im Feldfutterbau für Klee-Gras-Gemische oder Gründüngung in feuchten und rauen Lagen. Bevorzugt lehmigen Boden.
Vermehrung Aussaat zur Samengewinnung in trockeneren Lagen unter Getreide.
Blüten zahlreich in einem kugelig bis breiteiförmigen Köpfchen; Schmetterlingsblüten mit Klappvorrichtung, erst weiß, dann rosa.
Pollenhöschenfarbe braungelb
Anmerkung Unter weiteren Arten: Inkarnat-Klee *(T. incarnatum)*, Feld-Klee *(T. campestre)*, Persischer Klee *(T. resupinatum)*.

Rot-Klee ♃
— *Trifolium pratense*

NEKTAR						
MÄR	APR	MAI	JUN	JUL	AUG	SEP
			3 3	3 3	3 3	3

POLLEN						
MÄR	APR	MAI	JUN	JUL	AUG	SEP
			3 3	3 3	3 3	3

Weitere Namen Wiesen-Rotklee, Wiesenklee
Herkunft Europa
Höhe 20–70 cm
Wuchs Ausdauernde Staude. Dreiteilige Blätter. Blättchen meist mit hellgrüner Zeichnung.
Vorkommen, Verwendung Wiesen, Wegränder. Im Feldfutterbau rein oder für Klee-Gras-Gemische in feuchten Lagen. Bevorzugt nährstoff- und kalkreichen Lehmboden. Saatbau auf leichteren Böden. Stickstoffsammler.

Blüten zahlreich in einem kugelig-eiförmigen Köpfchen, Schmetterlingsblüten mit Klappvorrichtung, purpurrot oder rosa.
Pollenhöschenfarbe dunkelbraun
Anmerkung Unter weiteren Arten: Mittlerer Klee *(Trifolium medium)*, Berg-Klee *(Trifolium montanum)*.

Weiß-Klee ♃

— Trifolium repens

NEKTAR						
MÄR	APR	MAI	JUN	JUL	AUG	SEP
		4	4 4	4 4	4 4	4

POLLEN						
MÄR	APR	MAI	JUN	JUL	AUG	SEP
		3	3 3	3 3	3 3	3

Weitere Namen Kriechender Klee, Lämmer-Klee
Herkunft Europa
Höhe 10–30 cm
Wuchs Ausdauernd, kriechender, wurzelnder Stängel mit dreiteiligen Blättern.
Vorkommen, Verwendung Rasen, Wegränder. Für Weiden, Wiesen, im Feldfutterbau für Klee-Gras-Gemische. Bevorzugt nährstoff- und kalkreichen, frischen, lehmigen Boden.

Blüten zahlreich in einem kugeligen Köpfchen, Schmetterlingsblüten mit Klappvorrichtung, weiß.
Pollenhöschenfarbe braungelb
Anmerkung Unter weiteren Arten: Alexandriner Klee *(Trifolium alexandrinum)*, Gold-Klee *(Trifolium aureum)*.

Saat-Luzerne ♃

— *Medicago sativa*

NEKTAR						
MÄR	APR	MAI	JUN	JUL	AUG	SEP
			3 3	3 3	3 3	3

POLLEN						
MÄR	APR	MAI	JUN	JUL	AUG	SEP
			1 1	1 1	1 1	1

Weitere Namen Blaue Luzerne
Herkunft Iran, Naher Osten
Höhe 30–90 cm
Wuchs Ausdauernd; dreiteilige Blätter.
Vorkommen, Verwendung Verwildert an Wegrändern, auf Trockenwiesen. Futterpflanze auf tiefgründigen, kalk- und nährstoffreichen Böden. Keimlinge auch zur Salatbereitung. Stickstoffsammler.
Vermehrung Aussaat als Reinsaat

Blüten in kopfig-traubigen Blütenständen am Ende des Stängels und der Zweige, Schmetterlingsblüten mit Schnellvorrichtung, violett bis purpurrot.
Pollenhöschenfarbe gelb
Anmerkung Unter weiteren Arten: Sand-Luzerne *(Medicago x varia)*, Gelb-Klee *(Medicago lupulina)*.

Gewöhnliche Robinie
— Robinia pseudoacacia

NEKTAR

MÄR	APR	MAI	JUN	JUL	AUG	SEP
		4	4 4			

POLLEN

MÄR	APR	MAI	JUN	JUL	AUG	SEP
		2	2 2			

Weitere Namen Falsche Akazie, Scheinakazie
Herkunft Nordamerika, in Europa eingebürgert
Höhe 10–25 m
Wuchs Baum mit gefiederten Blättern mit eiförmigen Blättchen. Ausläufer treibend.
Vorkommen, Verwendung Bodenbefestiger, Stickstoffsammler für Böschungen und Rekultivierung von Kippen, auch Straßenbaum. Trockene Böden, sonnige Lage. Blütenknospen empfindlich gegen Spätfröste.
Blüten in großen, hängenden Trauben, Blüten mit Bürstenvorrichtung, weiß.
Pollenhöschenfarbe graubraun
Anmerkung Unter weiteren Arten: Rosafarbene Robinie *(Robinia x ambigua)*, Borstige Robinie *(Robinia hispida)*.

Japanischer Schnurbaum
— Sophora japonica

NEKTAR						
MÄR	APR	MAI	JUN	JUL	AUG	SEP
				4	4 4	

POLLEN						
MÄR	APR	MAI	JUN	JUL	AUG	SEP
				2	2 2	

Weitere Namen Sophore, Pagodenbaum
Herkunft China, Korea
Höhe 12–25 m
Wuchs Baum mit breit gewölbter Krone, gefiederten Blättern und eiförmigen Blättchen.
Vorkommen, Verwendung Parks, Plätze, stadtklimafest und abgasresistent. Waldränder und Windschutzstreifen. Liebt durchlässigen Boden und sonnigen Standort. Blühreife ab 12 Jahren.

Blüten in breiten, aufrechten, rispenartigen Trauben, Schmetterlingsblüten mit Bürstenvorrichtung, cremefarben.
Pollenhöschenfarbe gelblich
Anmerkung Sorten und weitere, weniger frostharte Arten.

Serradella ☉
— *Ornithopus sativus*

NEKTAR

MÄR	APR	MAI	JUN	JUL	AUG	SEP
			2 2	2 2	2 2	

POLLEN

MÄR	APR	MAI	JUN	JUL	AUG	SEP
			2 2	2 2	2 2	

Weitere Namen Großer Vogelfuß
Herkunft Westliches Mittelmeer- und atlantisches Küstengebiet
Höhe 30–60 cm
Wuchs Einjährig, mit liegenden bis aufrechten Stängeln und gefiederten Blättern.
Vorkommen, Verwendung Futter-, Zwischenfrucht- und Gründüngungspflanze für sandige, nährstoffarme, schwach saure, frische Böden in feuchtem Klima. Stickstoffsammler.

Vermehrung Aussaat unter Deckfrucht, rein oder in Gemischen.
Blüten ✿ kopfig-traubenförmige Blütenstände in den Achseln der oberen Blätter, Schmetterlingsblüten mit Klappvorrichtung, hellrosa, dunkelpurpurn geadert.
Pollenhöschenfarbe gelblich
Anmerkung Weitere Art: Kleiner Vogelfuß *(Ornithopus perpusillus)*.

Echter Steinklee
— Melilotus officinalis

NEKTAR						
MÄR	APR	MAI	JUN	JUL	AUG	SEP
			4	4 4	4 4	4

POLLEN						
MÄR	APR	MAI	JUN	JUL	AUG	SEP
			3	3 3	3 3	3

Weitere Namen Gelber Steinklee, Acker-Honigklee
Herkunft Vermutlich China; eingebürgert
Höhe 30–150 cm
Wuchs Zweijährige Wild- und alte Heilpflanze mit aufrechtem Stängel, dreiteiligen Blättern und gezähnten Blättchen.
Vorkommen, Verwendung Wegränder, trockenes Ödland, Bahngelände, Kiesgruben, Steinbrüche. Stickstoffsammler, kalkliebend.

Blüten in ährigen, blattachsel- und endständigen Trauben; Schmetterlingsblüten mit Klappvorrichtung, gelb.
Pollenhöschenfarbe wachsgelb
Anmerkung Unter weitere Arten: Hoher Steinklee *(M. altissimus)*, Gezähnter Steinklee *(M. dentatus)*, und Kleinblütiger Steinklee *(M. indicus)*.

Weißer Steinklee
— Melilotus albus

NEKTAR						
MÄR	APR	MAI	JUN	JUL	AUG	SEP
			4	4 4	4 4	4

POLLEN						
MÄR	APR	MAI	JUN	JUL	AUG	SEP
			3	3 3	3 3	3

Weitere Namen Weißer Honigklee, Bokharaklee, Bucharaklee
Herkunft Mittelmeergebiet, Westasien, jetzt weltweit verbreitet
Höhe 50–200 cm
Wuchs Zweijährig, aufrechter, ästiger Stängel und dreiteilige Blätter mit gezähnten Blättchen.
Vorkommen, Verwendung Wegränder, trockenes Ödland. Als Boden aufschließende, Stickstoff sammelnde Pionierpflanze und zur Heugewinnung (nicht für Nagetiere) auf kiesigen, steinigen oder extrem schweren Böden; kalkliebend.
Vermehrung Aussaat zur Samengewinnung als Reinsaat.
Blüten in ährigen, blattachsel- und endständigen Trauben, Schmetterlingsblüten mit Klappvorrichtung, weiß.
Pollenhöschenfarbe wachsgelb
Anmerkung Einjährig: Hubamklee. Weitere Art: Kleinblütiger Steinklee *(Melilotus indicus)*.

Unform ♄

— *Amorpha fruticosa*

NEKTAR

MÄR	APR	MAI	JUN	JUL	AUG	SEP
			3 3	3 3		

POLLEN

MÄR	APR	MAI	JUN	JUL	AUG	SEP
			2 2	2 2		

Weitere Namen Scheinindigo, Bleibusch
Herkunft Nordamerika
Höhe 2–3 m
Wuchs Sparriger Strauch mit gefiederten Blättern und eiförmigen Blättchen.
Vorkommen, Verwendung Zur Bepflanzung von Böschungen einzeln, in Gruppen oder als Hecke, auch auf leichten, trockenen Böden, in sonniger Lage. Mäßig frosthart.
Blüten in langen, aufrechten, zu mehreren an den Zweigenden gehäuften Trauben. Schmetterlingsblüten nur mit Fahne; Schiffchen und Flügel fehlen, purpurviolett.
Pollenhöschenfarbe orange
Anmerkung Weitere Sträucher mit Schmetterlingsblüten: Arten und Sorten von Geißklee *(Cytisus)* und Ginster *(Genista)*.Illustration: Besenginster.

Gewöhnlicher Wundklee ♃
— Anthyllis vulneraria

NEKTAR

MÄR	APR	MAI	JUN	JUL	AUG	SEP
			2 2	2 2	2 2	

POLLEN

MÄR	APR	MAI	JUN	JUL	AUG	SEP
			2 2	2 2	2 2	

Weitere Namen Echter Wundklee, Tannenklee
Herkunft Europa, Naher Osten, Nordafrika
Höhe 10–40 cm
Wuchs Mehrjährig, mit aufsteigendem oder aufrechtem Stängel und Fiederblättern mit großem, lang elliptischem Endblättchen und 1–5 kleineren Seitenblättchen.
Vorkommen, Verwendung Wildpflanze auf nährstoffarmen Wildblumenwiesen und Halbtrockenrasen, an Wegrändern, Böschungen und Steinbrüchen. Als tiefwurzelnde Pionierpflanze zur Bodenbefestigung auf Erdabrissen und Straßenböschungen. Kalkliebende Futter- und alte Heilpflanze.
Blüten zu 10–30 in Köpfchen mit filzig behaarten Kelchblättern. Krone goldgelb, zuweilen auch hellgelb, orange oder rot.
Pollenhöschenfarbe graugelb
Anmerkung Mehrere Unterarten.

Zottelwicke
— *Vicia villosa*

☉

NEKTAR

MÄR	APR	MAI	JUN	JUL	AUG	SEP
		3	3 3	3 3		

POLLEN

MÄR	APR	MAI	JUN	JUL	AUG	SEP
		2	2 2	2 2		

Weitere Namen Sandwicke, Winterwicke
Herkunft Europa
Höhe 50–100 cm
Wuchs Zweijährige Winterzwischenfruchtpflanze mit kletterndem, verzweigtem Stängel und gefiederten Blättern.
Vorkommen, Verwendung Als Futter im Kleegrasgemisch oder Gründüngung für kalkhaltige lehmige Sandböden. Für Samenbau Aussaat mit Winterroggen als Stützfrucht auf trockeneren Böden. Stickstoffsammler.

Blüten in Trauben in den oberen Blattachseln, Blüten mit Bürstenvorrichtung, violett.
Pollenhöschenfarbe dunkelgelb
Anmerkung Unter weiteren Arten: Pannonische Wicke (*Vicia pannonica*), Ackerbohne (*Vicia faba*).

Curaçao-Seidenpflanze ♄
— Asclepias curassavica

NEKTAR

MÄR	APR	MAI	JUN	JUL	AUG	SEP
			4 4	4 4	4 4	4 4

POLLEN

MÄR	APR	MAI	JUN	JUL	AUG	SEP
			1 1	1 1	1 1	1 1

Weitere Namen Indianer-Seidenpflanze
Herkunft Subtropisches und tropisches Amerika
Höhe 0,5–1,5 m
Wuchs Halbstrauch, immergrün mit aufrechtem Wuchs und lanzettlichen Blättern.
Vorkommen, Verwendung Als Terrassen-, Balkon- oder Steingartenpflanze für nährstoffreichen und feuchten Boden. Überwinterung bei 5–12 °C im Wintergarten oder hellem Treppenhaus.

Vermehrung durch Samen oder Teilung.
Blüten ❀ in den Achseln der oberen Blätter in Trugdolden, 5-zählig, orangerot.
Pollenhöschenfarbe grau
Anmerkung Winterharte Arten: Gewöhnliche Seidenpflanze *(Asclepias syriaca)*, Pracht-Seidenpflanze *(Asclepias speciosa)*, Fleischrote Seidenpflanze *(Asclepias incarnata)*.

Gewöhnliche Seidenpflanze ♃
— *Asclepias syriaca*

NEKTAR

MÄR	APR	MAI	JUN	JUL	AUG	SEP
			3 3	3 3	3 3	

POLLEN

MÄR	APR	MAI	JUN	JUL	AUG	SEP
			1 1	1 1	1 1	

Weitere Namen Syrische Seidenpflanze, Papageienpflanze
Herkunft Nordamerika, in Europa verwildert, in pannonischen Gebieten verwildert und teils eingebürgert
Höhe 100–200 cm
Wuchs Ausdauernde, Ausläufer treibende, krautige Pflanze mit aufrechtem, meist unverzweigtem Stängel und gegenständigen, gestielten, bis 30 cm langen, elliptischen Blättern.

Vorkommen, Verwendung Wild an Wegrändern und auf anderen Freiflächen, Gewinnung der Samenfasern als Polstermaterial, als Bienenweide in Staudenbeeten in Gruppen auf durchlässigen, frischen Böden an sonnigen Standorten.
Blüten ❀ endständig in vielblütigen Dolden, radförmig, zwittrig, bräunlich-rosa.
Pollenhöschenfarbe gelblich-grau
Anmerkung Unter weiteren Arten: Knollen-Seidenpflanze *(Asclepias tuberosa)*.

Große Kapuzinerkresse ⊙
— *Tropaeolum majus*

NEKTAR

MÄR	APR	MAI	JUN	JUL	AUG	SEP
				2 2	2 2	2 2

POLLEN

MÄR	APR	MAI	JUN	JUL	AUG	SEP
				2 2	2 2	2 2

Weitere Namen Kapuzinerli, Guck-über-den-Zaun
Herkunft Südamerika
Höhe 30–300 cm
Wuchs Einjährige Zier- und Heilpflanze, kriechender oder rankender Stängel, schildförmig-runde Blätter.
Vorkommen, Verwendung Spaliere, Zäune, Gitter, Blumenrabatten auf humosem, frischem Boden an sonnigem bis halbschattigem Standort.

Vermehrung durch Vorkultur oder Aussaat an Ort und Stelle nach Mitte Mai.
Blüten ❀ einzeln in den Blattachseln, trompetenförmig, gespornt, cremeweiß, gelb, rot.
Pollenhöschenfarbe dunkelgelb
Anmerkung Zahlreiche Hybriden und weitere Arten.

Echter Buchweizen

— *Fagopyrum esculentum*

NEKTAR						
MÄR	APR	MAI	JUN	JUL	AUG	SEP
				4	4 4	4 4

POLLEN						
MÄR	APR	MAI	JUN	JUL	AUG	SEP
				3	3 3	3 3

Weitere Namen Heidekorn, Türkenkorn
Herkunft Zentralasien
Höhe 50–100 cm
Wuchs Einjährig, mit aufrechtem Stängel und herz-pfeilförmigen Blättern.
Vorkommen, Verwendung Körner- und Zwischenfruchtfutterpflanze, zur Feldbegrünung auf Stilllegungsflächen, als Wildäsung, auf mäßig nährstoffhaltigen, schwach sauren Sandböden.

Vermehrung Aussaat zur Körnergewinnung ab Mitte Mai, als Zwischenfrucht bis Ende Juli
Blüten ❀ seiten- und endständig in Doldentrauben, unterschiedlich lange Griffel und Staubblätter, weiß oder rötlich weiß. Nektarerzeugung nur in den Morgenstunden.
Pollenhöschenfarbe hellgelb
Anmerkung Verwandt: Tatarischer Buchweizen *(Fagopyrum tataricum)*.

Sachalin-Flügelknöterich ♃
— Fallopia sachalinensis

NEKTAR						
MÄR	APR	MAI	JUN	JUL	AUG	SEP
				3 3	3 3	3 3

POLLEN						
MÄR	APR	MAI	JUN	JUL	AUG	SEP
				2 2	2 2	2 2

Weitere Namen Sachalin-Wucherknöterich, Sachalin-Staudenknöterich
Herkunft Ostasien
Höhe 100–300 cm
Wuchs Staude, aufrecht mit verzweigten Stängeln und ovalen Blättern.
Vorkommen, Verwendung Verwildert, Röhricht und Erlengebüsch, verträgt Überflutung. Für Parks und große Gärten auf sandig-lehmigen oder kiesigen, kalkarmen Böden.

Vermehrung durch Teilen.
Blüten ❀ ährige Blütenstände in den Blattachseln und am Stielende, grünlich-weiß.
Pollenhöschenfarbe dunkelgelb
Anmerkung Ähnlich: Gewöhnlicher Japanischer Flügelknöterich *(Fallopia japonica* var. *japonica)*. Verwandt: Kleiner Japanischer Flügelknöterich *(Fallopia japonica* var. *compacta)*.

Wiesen-Knöterich ♃

— Bistorta officinalis

NEKTAR						
MÄR	APR	MAI	JUN	JUL	AUG	SEP
		3 3	3 3	3 3	3	

POLLEN						
MÄR	APR	MAI	JUN	JUL	AUG	SEP
		2 2	2 2	2 2	2	

Weitere Namen Schlangen-Knöterich, Schlangenwurz, Natterwurz
Herkunft Europa, Westasien
Höhe 30–120 cm
Wuchs Staude mit aufrechtem, unverzweigtem Stängel und länglichen, am Rande gewellten Blättern, Ausläufer treibend.
Vorkommen, Verwendung Feuchte Wiesen, Bachufer, feuchte Stellen in lichten Auwäldern. Zierpflanze für nährstoffreichen, kalkarmen, durchfeuchteten Boden.

Blüten ❀ in dichten, walzligen, endständigen Ähren hell- bis dunkelrosa.
Pollenhöschenfarbe grau
Anmerkung Weitere Arten als Wild- und Zierpflanzen.

Garten-Dreimasterblume ♃
— *Tradescantia x andersoniana*-Gruppe

NEKTAR						
MÄR	APR	MAI	JUN	JUL	AUG	SEP
			2 2	2 2	2 2	2

POLLEN						
MÄR	APR	MAI	JUN	JUL	AUG	SEP
			2 2	2 2	2 2	2

Weitere Namen Kommeline, Wasserranke, Garten-Tradeskantie
Herkunft Nord- und Südamerika, Kreuzungen verschiedener Arten
Höhe 40–60 cm
Wuchs Gartenstaude, winterhart, mit schilfartig linealisch zugespitzten Blättern.
Vorkommen, Verwendung Für Staudenbeet- und Teichrandpflanzungen; nährstoffreiche, frische bis feuchte, sandig-lehmige Böden, sonnige Standorte.

Vermehrung durch Teilung oder Aussaat.
Blüten ✣ in Trugdolden dicht gedrängt, dreizählig, blau, violett, rot, rosa oder weiß.
Pollenhöschenfarbe dunkelgelb
Anmerkung Viele Sorten. Unter weiteren Arten: Virginische Dreimasterblume *(Tradescantia virginiana)*.

Weidenblättriger Alant ♃
— *Inula salicina*

NEKTAR						
MÄR	APR	MAI	JUN	JUL	AUG	SEP
				2 2	2 2	

POLLEN						
MÄR	APR	MAI	JUN	JUL	AUG	SEP
				3 3	3 3	

Weitere Namen Weiden-Alant
Herkunft Europa, Asien
Höhe 20–80 cm
Wuchs Ausdauernde Wildpflanze mit aufrechtem, oben verzweigtem Stängel und lanzettlichen Blättern.
Vorkommen, Verwendung Halbtrockenrasen, feuchte Wiesen, Flachmoore; kalkhaltige, humose Lehmböden, Sonne bis Halbschatten.

Blüten ❁ in Körbchen, einzeln oder zu 2–5 doldig-traubig am Ende des Stängels; Scheibenblüten zwittrig, Randblüten als Zungenblüten, weiblich, goldgelb.
Pollenhöschenfarbe gelb
Anmerkung Weitere *Inula*-Arten als Wild-, Heil-, Gewürz- und Zierpflanzen.

Myrten-Aster
— *Aster ericoides*

♃

NEKTAR						
MÄR	APR	MAI	JUN	JUL	AUG	SEP
					3 3	3 3

POLLEN						
MÄR	APR	MAI	JUN	JUL	AUG	SEP
					3 3	3 3

Weitere Namen Erika-Aster
Herkunft Nordamerika
Höhe 50–100 cm
Wuchs Ausdauernd, aufrechte, verzweigte Stängel, kleine, lanzettliche Blätter.
Vorkommen, Verwendung Gemischte Beete und Rabatten; humose, frische Lehmböden; sonnige Standorte.
Vermehrung durch Teilung oder Stecklinge.
Blüten ❀ in kleinen Körbchen, zahlreich doldig am Ende des Stängels und der Zweige. Scheibenblüten als zwittrige Röhrenblüten, gelb, Randblüten als weibliche Zungenblüten.
Pollenhöschenfarbe gelb
Anmerkung Mehrere Sorten in weiß, blassrosa und gelblich. Unter weiteren Arten: Glattblatt-Aster *(Aster novi-belgii)* in vielen Sorten.

Raublatt-Aster ♃
— *Aster novae-angliae*

NEKTAR

MÄR	APR	MAI	JUN	JUL	AUG	SEP
					3 3	3 3

POLLEN

MÄR	APR	MAI	JUN	JUL	AUG	SEP
					3 3	3 3

Weitere Namen Neuengland-Aster
Herkunft Nordamerika
Höhe 50–150 cm
Wuchs Ausdauernd, mit aufrechtem, im Blütenstandbereich verzweigtem Stängel und lanzettlichen, ganzrandigen Blättern.
Vorkommen, Verwendung Für gemischte Beete und Rabatten; humose, nährstoffreiche, frische Lehmböden; sonnige Standorte.
Vermehrung durch Teilung oder Stecklinge.

Blüten ❀ in Körbchen, doldig am Ende des Stängels und der Zweige. Scheibenblüten als zwittrige Röhrenblüten, gelb, Randblüten als weibliche Zungenblüten, rosa, rot, violett, dunkelblau oder purpurn.

Pollenhöschenfarbe gelb
Anmerkung Viele Sorten.

Becherpflanze ♃
— Silphium perfoliatum

NEKTAR						
MÄR	APR	MAI	JUN	JUL	AUG	SEP
				3	3 3	3 3

POLLEN						
MÄR	APR	MAI	JUN	JUL	AUG	SEP
				2	2 2	2 2

Weitere Namen Durchwachsene Silphie
Herkunft Nordamerika
Höhe 100–200 cm
Wuchs Ausdauernd, mit aufrechtem, oben verzweigtem Stängel und dreieckigen bis eiförmigen Blättern. Die gegenüberstehenden Blätter sind am Stängel becherartig verwachsen.
Vorkommen, Verwendung Futter- und potentielle Energiepflanze; Zierpflanze für gemischte Rabatten; bevorzugt stickstoffreiche, frische Böden; sonnige oder halbschattige Standorte.
Vermehrung durch Teilung oder Aussaat.
Blüten ❁ in Körbchen, einzeln am Ende des Stängels und der Zweige. Randblüten als weibliche Zungenblüten, goldgelb, Scheibenblüten als Röhrenblüten, zwittrig, funktionell männlich, dunkelgelb.
Pollenhöschenfarbe dunkelgelb
Anmerkung Weitere *Silphium*-Arten.

Schöne Bergscharte ♃
— Stemmacantha pulchra

NEKTAR

MÄR	APR	MAI	JUN	JUL	AUG	SEP
			2 2	2 2		

POLLEN

MÄR	APR	MAI	JUN	JUL	AUG	SEP
			2 2	2 2		

Weitere Namen Riesen-Flockenblume (veraltet)
Herkunft Transkaukasien
Höhe 40–90 cm
Wuchs Mehrjährige krautige Pflanze mit fiederspaltig-gelappten Blättern mit attraktiven braunen Hüllblättern.
Vorkommen, Verwendung Für gemischte Beete und bunte Rabatten auf nährstoffhaltigen, durchlässigen, sandig-lehmigen Böden an sonnigen Standorten.

Blüten ❁ am Ende der Stängel in Körbchen, nur mit Röhrenblüten, rosa bis purpurn.
Pollenhöschenfarbe hellgelb
Anmerkung Mehrere weitere Arten.

Garten-Chrysantheme ♃
— *Chrysanthemum* x *grandiflorum*

NEKTAR						
MÄR	APR	MAI	JUN	JUL	AUG	SEP
					2 2	2 2

POLLEN						
MÄR	APR	MAI	JUN	JUL	AUG	SEP
					2 2	2 2

Weitere Namen Gärtner-Chrysantheme
Herkunft Wahrscheinlich China; Hybride, Mutterpflanze Hunderter von Zuchtsorten
Höhe 50–120 cm
Wuchs Stauden mit aufrechtem Stängel und gelappten Blättern.
Vorkommen, Verwendung Vielseitige Einsatzmöglichkeiten für Beete und Rabatten auf sandiglehmigen, nährstoffreichen, tiefgründigen, frischen Böden an sonnigen Standorten.
Vermehrung durch Teilung, Aussaat oder Stecklinge.
Blüten ❀ in Körbchen unterschiedlicher Größe und Gestalt, in der Mitte Röhrenblüten, zwittrig, gelb, am Rand Strahlenblüten, weiblich, in weiß, gelb, bronze, pink, rot oder violett.
Pollenhöschenfarbe gelblich
Anmerkung Viele Sorten.

Garten-Dahlie

— Dahlia-Hybriden

♃ ☉

NEKTAR

MÄR	APR	MAI	JUN	JUL	AUG	SEP
				2 2	2 2	2 2

POLLEN

MÄR	APR	MAI	JUN	JUL	AUG	SEP
				2 2	2 2	2 2

Weitere Namen Georgine
Herkunft Mittelamerika
Höhe 15–120 cm
Wuchs Aufrecht buschig wachsende Stauden.
Vorkommen, Verwendung Bunte Beete und Staudenpflanzungen auf sandig-lehmigen, frischen Böden an sonnigen Standorten. Frostempfindlich; deshalb einjährige Anzucht aus Samen oder Überwinterung der Knollen in Torf oder Sand kühl, aber frostfrei; nach dem letzten Frost teilen und auspflanzen.
Blüten ❁ In Körbchen unterschiedlicher Form; als Bienenweide einfach blühende Sorten.
Pollenhöschenfarbe rotgelb
Anmerkung Zahlreiche Sorten in weiß, gelb, rosa, rot, violett.

Gewöhnliche Eselsdistel
— Onopordum acanthium

☉

NEKTAR						
MÄR	APR	MAI	JUN	JUL	AUG	SEP
				2 2	2 2	2 2

POLLEN						
MÄR	APR	MAI	JUN	JUL	AUG	SEP
				2 2	2 2	2 2

Herkunft Europa, Westasien
Höhe 50–200 cm
Wuchs Zweijährige Pflanze mit Blattrosette im 1. Jahr, vielästig mit stachelig geflügelten Trieben, stachelige, gezähnte Blätter im 2. Jahr.
Vorkommen, Verwendung Zier- und Heilpflanze für lehmigen, durchlässigen Boden und sonnigen, windgeschützten Standort.
Vermehrung durch Samen, auch Selbstaussaat.

Blüten ❀ in Körbchen, meist einzeln am Ende des Stängels und der Zweige. Nur Röhrenblüten, violett.
Pollenhöschenfarbe weißgelb
Anmerkung Ähnlich: Mariendistel *(Silybum marianum)*.

Einjähriger Feinstrahl ⊙♃
— *Erigeron annuus*

NEKTAR						
MÄR	APR	MAI	JUN	JUL	AUG	SEP
			2 2	2 2	2 2	2

POLLEN						
MÄR	APR	MAI	JUN	JUL	AUG	SEP
			2 2	2 2	2 2	2

Weitere Namen Feinstrahl-Aster, Einjähriges Berufkraut
Herkunft Nordamerika
Höhe 30–150 cm
Wuchs Einjährig, auch mehrjährig, mit aufrechtem, in der oberen Hälfte verzweigtem Stängel und breit-lanzettlichen, grob gezähnten Blättern.
Vorkommen, Verwendung Verwildert in Ufergebüschen, Auwäldern und auf Ödland; Zierpflanze für Rabatten; sandig-lehmige, mäßig nährstoffreiche, frische Böden; Sonne.

Blüten ❁ in kleinen Körbchen, rispenförmiger Gesamtblütenstand. Röhrenblüten gelb, Strahlenblüten weißlich.
Pollenhöschenfarbe orange
Anmerkung Zahlreiche Arten und Sorten (*Erigeron-speciosus*-Gruppe).

Berg-Flockenblume ♃

— Centaurea montana

NEKTAR						
MÄR	APR	MAI	JUN	JUL	AUG	SEP
		3	3 3	3 3	3 3	3 3

POLLEN						
MÄR	APR	MAI	JUN	JUL	AUG	SEP
		2	2 2	2 2	2 2	2 2

Herkunft Europa
Höhe 10–60 cm
Wuchs Staude mit aufrechtem Stängel und zahlreichen, schmal-eiförmigen Blättern.
Vorkommen, Verwendung Feuchte Bergwiesen, Schluchtwälder der Gebirge. Zierpflanze für Beete und am Rand von Gehölzen auf durchlässigen, sandig-lehmigen, etwas kalkhaltigen Böden in Sonne bis Halbschatten.

Blüten ❀ in einzelnen Körbchen am Ende des Stängels und der Zweige, nur Röhrenblüten. Randblüten weit auseinanderstehend, blau, innere Korbblüten violett.
Pollenhöschenfarbe gelblich weiß
Anmerkung Weitere Zier-Arten: Riesen-Flockenblume *(C. macrocephala)*, Kaukasus-Flockenblume *(C. dealbata)*.

Wiesen-Flockenblume ♃
— *Centaurea jacea*

NEKTAR						
MÄR	APR	MAI	JUN	JUL	AUG	SEP
		3	3 3	3 3	3 3	3 3

POLLEN						
MÄR	APR	MAI	JUN	JUL	AUG	SEP
		2	2 2	2 2	2 2	2 2

Herkunft Europa, Asien
Höhe 10–70 cm
Wuchs Staude mit aufrechtem, meist ästigem Stängel und schmal-eiförmigen bis lanzettlichen, unten fiederspaltigen Blättern.
Vorkommen, Verwendung Wiesen, Weiden, Flachmoore, Trockenrasen, Wegraine. Für bunte Beete. Für Liebt mäßig nährstoffreichen, lehmigen Boden.

Blüten ❀ am Ende des Stängels in Körbchen, nur Röhrenblüten, die äußeren strahlig abgespreizt, bläulich-rosa bis purpurn.
Pollenhöschenfarbe gelblich weiß
Anmerkung Unter weiteren Arten: Bunte Flockenblume *(Centaurea triumfettii)*.

Gazanien

— *Gazania*-Hybriden

♃ ⊙

NEKTAR						
MÄR	APR	MAI	JUN	JUL	AUG	SEP
		3 3	3 3	3 3	3 3	3 3

POLLEN						
MÄR	APR	MAI	JUN	JUL	AUG	SEP
		2 2	2 2	2 2	2 2	2 2

Weitere Namen Mittagsgoldblume, Mittagsgold, Sonnentaler
Herkunft südliches und östliches Afrika
Höhe 15–40 cm
Wuchs Meist einjährige oder mehrjährige krautige Pflanzen mit meist nur grundständigen, unterseits wollig behaarten Blättern.
Vorkommen, Verwendung Meist einjährig für gemischte Beete, bunte Rabatten oder als Balkonpflanze für nährstoffreiche, durchlässige, sandig-humose, ausreichend feuchte Böden an warmen, sonnigen Standorten.
Blüten ❀ in Körbchen mit Zungen- und Röhrenblüten, weiß, goldgelb, rosa und rot, auch zweifarbig. Nur bei Sonne voll geöffnet.
Pollenhöschenfarbe gelblich
Anmerkung In vielen Sorten.

Strauß-Goldkolben ♃
— *Ligularia dentata*

NEKTAR						
MÄR	APR	MAI	JUN	JUL	AUG	SEP
				2 2	2 2	

POLLEN						
MÄR	APR	MAI	JUN	JUL	AUG	SEP
				2 2	2 2	

Weitere Namen Japanischer Goldkolben, Strauß-Ligularie, Stern-Kreuzkraut
Herkunft Japan und China auf feuchten Wiesen
Höhe 100–150 cm
Wuchs Ausdauernde, krautige, frostharte Pflanze mit grundständigen, großen, rundlich-herzförmigen, am Rand gezähnten, dunkelgrünen Blättern.
Vorkommen, Verwendung Zierpflanze für Einzelstellung oder in Gruppen auf frischen bis feuchten, lehmigen oder humosen, durchlässigen Böden an etwas halbschattigen Standorten.
Blüten ❁ an langen, doldenartigen Blütenständen, in Körbchen mit Röhren- und schmalen, langen Zungenblüten, orangegelb.
Pollenhöschenfarbe gelblich
Anmerkung In verschiedenen Sorten.

Kanadische Goldrute ♃
— *Solidago canadensis*

NEKTAR						
MÄR	APR	MAI	JUN	JUL	AUG	SEP
				3	3 3	3 3

POLLEN						
MÄR	APR	MAI	JUN	JUL	AUG	SEP
				2	2 2	2 2

Herkunft Kanada, in Europa eingebürgert
Höhe 20–200 cm
Wuchs Ausdauernd, mit aufrechtem, im Blütenbereich verzweigtem Stängel und lanzettlichen, im unteren Bereich gezähnten Blättern.
Vorkommen, Verwendung Ufer, Bahndämme, Waldränder, Flusstäler, Ödland. Zierpflanze für gemischte Rabatten, vor Hecken, Gehölzränder; durchlässige, frische Böden an sonnigem Standort.
Vermehrung durch Teilung oder Stecklinge.
Blüten in kleinen Körbchen, zahlreich in einem Gesamtblütenstand aus vielen bogig gekrümmten Trauben. Randblüten als Zungenblüten, weiblich, nicht länger als die inneren zwittrigen Röhrenblüten, goldgelb.
Pollenhöschenfarbe wachsgelb
Anmerkung Viele Sorten. Verwandt: Echte Goldrute *(Solidago virgaurea)*.

Riesen-Goldrute ♃
— *Solidago gigantea*

NEKTAR						
MÄR	APR	MAI	JUN	JUL	AUG	SEP
				3	3 3	3 3

POLLEN						
MÄR	APR	MAI	JUN	JUL	AUG	SEP
				2	2 2	2 2

Weitere Namen Späte Goldrute
Herkunft Nordamerika, in Europa verwildert
Höhe 50–150 cm
Wuchs Ausdauernde Pflanze mit aufrechtem, oben verzweigtem Stängel und lanzettlichen, im unteren Bereich gezähnten Blättern.
Vorkommen, Verwendung Ufer, Waldränder, Ödland. Für gemischte Rabatten, vor Hecken; durchlässige, frische, nährstoffhaltige Böden; Sonne.
Vermehrung durch Teilen oder Stecklinge.

Blüten ❁ in kleinen Körbchen, zahlreich in einem Gesamtblütenstand aus vielen bogig gekrümmten Trauben. Randblüten als Zungenblüten, weiblich, deutlich länger als die inneren zwittrigen Röhrenblüten, goldgelb.
Pollenhöschenfarbe ockergelb
Anmerkung Viele Sorten, auch nicht wuchernde.

Jakobs-Greiskraut

— *Senecio jacobaea*

♃ ⊙

NEKTAR						
MÄR	APR	MAI	JUN	JUL	AUG	SEP
			2	2 2	2 2	2 2

POLLEN						
MÄR	APR	MAI	JUN	JUL	AUG	SEP
			2	2 2	2 2	2 2

Weitere Namen Jakobs-Kreuzkraut
Herkunft Europa, Asien
Höhe 30–120 cm
Wuchs Zweijährig bis ausdauernd, mit aufrechtem, oben verzweigtem Stängel und fiederteiligen Blättern
Vorkommen, Verwendung Wild- und Heilpflanze; Raine, Weg- und Waldränder, Wiesen; liebt tiefgründigen, etwas steinigen, zeitweise feuchten Lehmboden.

Blüten ❀ in Körbchen, als Trugdolden angeordnet. Scheibenblüten zwittrig, Randblüten als Zungenblüten, weiblich, hell goldgelb.
Pollenhöschenfarbe gelblich
Anmerkung Viele Arten als Wild- und Zierpflanzen.

Huflattich ♃

— Tussilago farfara

NEKTAR						
MÄR	APR	MAI	JUN	JUL	AUG	SEP
2 2	2 2					

POLLEN						
MÄR	APR	MAI	JUN	JUL	AUG	SEP
3 3	3 3					

Herkunft Europa, West- und Nordasien, Nordafrika

Höhe 10–20 cm

Wuchs Ausdauernde Wild- und Heilpflanze mit Blattschuppen am Stängel und großen, rundlich-herzförmigen Blättern.

Vorkommen, Verwendung Lückig bewachsene Flächen an Ufern, Wegen und Dämmen. Liebt kalkhaltigen, humusarmen, feuchten Boden.

Blüten ❁ in Körbchen, endständig einzeln, vor Erscheinen der Blätter. Randblüten mehrreihig, weiblich, Scheibenblüten scheinzwittrig, männlich, goldgelb.

Pollenhöschenfarbe rotgelb

Färber-Hundskamille ♃
— *Anthemis tinctoria*

NEKTAR						
MÄR	APR	MAI	JUN	JUL	AUG	SEP
			2	2 2	2 2	2

POLLEN						
MÄR	APR	MAI	JUN	JUL	AUG	SEP
			2	2 2	2 2	2

Weitere Namen Färberkamille
Herkunft Europa, Westasien
Höhe 30–100 cm
Wuchs Staude mit aufrechtem Stängel und fiederteiligen Blättern.
Vorkommen, Verwendung Trockenrasen, Dämme, Wege; für Steingärten und Böschungen; steinig-trockene, kalkarme Böden.
Blüten ❁ in Körbchen am Ende des Stängels und der Zweige. Röhrenblüten zwittrig, Strahlenblüten weiblich, blassgelb bis goldgelb.

Pollenhöschenfarbe orange
Anmerkung Weitere Arten als Wild- und Zierpflanzen.

Filzige Klette
— Arctium tomentosum

NEKTAR						
MÄR	APR	MAI	JUN	JUL	AUG	SEP
				2	2 2	2 2

POLLEN						
MÄR	APR	MAI	JUN	JUL	AUG	SEP
				2	2 2	2 2

Weitere Namen Filz-Klette
Herkunft Europa, Westasien
Höhe 50–150 cm
Wuchs Zweijährige Wild- und Heilpflanze, aufrechter, verzweigter Stängel, große Blätter.
Vorkommen, Verwendung Wege, Böschungen, Ödland; bevorzugt stickstoff- und kalkhaltige Lehmböden in sonniger und warmer Lage.
Blüten ❀ in kugeligen spinnwebartig behaarten Körbchen, zu mehreren rispig am Ende des Stängels. Nur Röhrenblüten, weinrot bis purpurrot.
Pollenhöschenfarbe weißgelb
Anmerkung Verwandt: Große Klette *(Arctium lappa)*, Kleine Klette *(Arctium minus)*.

Kornblume ⊙
— *Centaurea cyanus*

NEKTAR						
MÄR	APR	MAI	JUN	JUL	AUG	SEP
			3 3	3 3	3 3	3 3

POLLEN						
MÄR	APR	MAI	JUN	JUL	AUG	SEP
			2 2	2 2	2 2	2 2

Herkunft Europa, Nordasien
Höhe 20–90 cm
Wuchs Einjährig, aufrechter, ästiger Stängel, lanzettliche, unten fiederteilige Blätter.
Vorkommen, Verwendung Getreide- und Rapsfelder, ackernahes Ödland. Zierpflanze für gemischte Rabatten und bunte Beete auf lehmigem Boden.
Vermehrung durch Aussaat. Sät sich auch selbst aus.

Blüten in Körbchen am Ende des Stängels und der Seitentriebe, nur Röhrenblüten, die inneren violett, zwittrig, die äußeren strahlig abgespreizt, unfruchtbar, blau.
Pollenhöschenfarbe hellgrau
Anmerkung Viele Gartensorten auch rot, rosa und weiß.

Acker-Kratzdistel ♃

— *Cirsium arvense*

NEKTAR

MÄR	APR	MAI	JUN	JUL	AUG	SEP
			3	3 3	3 3	

POLLEN

MÄR	APR	MAI	JUN	JUL	AUG	SEP
			2	2 2	2 2	

Herkunft Europa, Asien, Nordafrika
Höhe 50–150 cm
Wuchs Ausdauernd, mit aufrechtem, in der oberen Hälfte verzweigtem Stängel und schmal-eiförmigen bis lanzettlichen, bestachelten Blättern.
Vorkommen, Verwendung Offenes Gelände wie Äcker, Schuttplätze, Weinberge, Wege. Liebt lehmigen, nährstoffreichen, tiefgründigen Boden.

Blüten ✿ in Körbchen, meist zu 3–5 locker-traubig am Ende des Stängels und der Zweige. Nur Röhrenblüten, lila.
Pollenhöschenfarbe gelblich
Anmerkung Unter weiteren Arten als Wild- und Zierpflanzen: Wollkopf-Kratzdistel *(Crisium eriophorum)*.

Kohl-Kratzdistel ♃
— *Cirsium oleraceum*

NEKTAR						
MÄR	APR	MAI	JUN	JUL	AUG	SEP
				3 3	3 3	3 3

POLLEN						
MÄR	APR	MAI	JUN	JUL	AUG	SEP
				2 2	2 2	2 2

Weitere Namen Kohl-Distel, Pferdekohl
Herkunft Europa, Westasien
Höhe 50–150 cm
Wuchs Ausdauernde Wildpflanze mit aufrechtem, wenig verzweigtem Stängel und fiederspaltigen Blättern mit gezähnten Zipfeln.
Vorkommen, Verwendung Nasse Wiesen, Flachmoore, Bachufer, Auwälder; liebt grundwasserfeuchten, nährstoffreichen Lehmboden.

Blüten ❁ in Körbchen, endständig, von weichstacheligen Hochblättern umgeben. Nur Röhrenblüten, gelblich weiß.
Pollenhöschenfarbe gelblich
Anmerkung Unter weiteren Arten: Sumpf-Kratzdistel *(Cirsium palustre)*.

Griechische Kugeldistel ♃
— *Echinops ritro*

NEKTAR						
MÄR	APR	MAI	JUN	JUL	AUG	SEP
				3 3	3 3	

POLLEN						
MÄR	APR	MAI	JUN	JUL	AUG	SEP
				2 2	2 2	

Weitere Namen Honigdistel
Herkunft Südeuropa, Zentralasien, Afrika
Höhe 50–200 cm
Wuchs Ausdauernd, aufrechter Stängel, wechselständige, fiederteilige, stachelige Blätter.
Vorkommen, Verwendung Naturnahe Beet- und Staudenpflanzungen; sandig-lehmige, etwas kalkhaltige Böden und sonniger Standort.
Vermehrung Teilen, Stecklinge, Aussaat.

Blüten ❁ in zahlreichen Körbchen, aus einer zwittrigen Röhrenblüte bestehend, zu einem kugeligen Blütenstand vereint, violettblau.
Pollenhöschenfarbe bläulich
Anmerkung Verwandte Arten: Drüsige Kugeldistel *(E. sphaerocephalus,* Illustration*)*, Banater Kugeldistel *(E. bannaticus)*.

Gewöhnlicher Löwenzahn ♃
— *Taraxacum* sectio Ruderale

NEKTAR

MÄR	APR	MAI	JUN	JUL	AUG	SEP
	3 3	3 3	3			

POLLEN

MÄR	APR	MAI	JUN	JUL	AUG	SEP
	4 4	4 4	4			

Weitere Namen Wiesen-Löwenzahn, Kuhblume, Pusteblume, Pfaffenröhrlein
Herkunft Nördliche Hemisphäre
Höhe 5–60 cm
Wuchs Ausdauernd, mit blattlosen Stängeln und schrotsägeförmig fiederteiligen Blättern in einer grundständigen Rosette.
Vorkommen, Verwendung Wiesen, Weiden, Äcker, Schuttplätze, Wegraine und Gärten auf nährstoffreichem Boden. Heilpflanze; teils als Salatpflanze angebaut.

Vermehrung durch Samenverbreitung bzw. Aussaat.
Blüten ✿ in großen, einzelnen Körbchen am Ende der Stängel. Nur Zungenblüten, zwittrig, goldgelb.
Pollenhöschenfarbe rötlich gelb
Anmerkung Große Vielfalt an schwer unterscheidbaren Arten und Kleinarten.

Lanzettblättriges Mädchenauge ♃

— *Coreopsis lanceolata*

NEKTAR

MÄR	APR	MAI	JUN	JUL	AUG	SEP
			2 2	2 2	2 2	2 2

POLLEN

MÄR	APR	MAI	JUN	JUL	AUG	SEP
			2 2	2 2	2 2	2 2

Weitere Namen Kleines Mädchenauge, Schöngesicht, Schönauge
Herkunft Nordamerika
Höhe 20–60 cm
Wuchs Ausdauernd, buschig, mit lanzettlichen Blättern.
Vorkommen, Verwendung Für gemischte Beete, niedrige Formen auch als Einfassung. Gedeiht auf sandig-lehmigem, mäßig nährstoffreichem, frischem Boden an sonnigem Standort.

Vermehrung durch Teilung, Stecklinge oder Aussaat.
Blüten in Körbchen, zahlreich am Ende des Stängels und der Zweige. Scheibenblüten als zwittrige Röhrenblüten, gelb, Randblüten als Zungenblüten, leuchtend gelb.
Pollenhöschenfarbe rotgelb
Anmerkung Mehrere Sorten und weitere Arten.

Großblütiges Perlkörbchen ♃
— *Anaphalis margaritacea*

NEKTAR

MÄR	APR	MAI	JUN	JUL	AUG	SEP
				2 2	2 2	2 2

POLLEN

MÄR	APR	MAI	JUN	JUL	AUG	SEP
				2 2	2 2	2 2

Weitere Namen Silber-Immortelle
Herkunft Nordamerika, Nordasien
Höhe 40–100 cm
Wuchs Mehrjährige krautige Pflanze mit steif aufrechtem Stängel und wechselständigen, sitzenden, linealisch-lanzettlichen, silbergrauen Blättern.
Vorkommen, Verwendung Wild an Wegrändern, anspruchslose Zierpflanze für Steingärten und Staudenbeete in Gruppen auf trockenen bis frischen, durchlässigen Böden an sonnigen Plätzen oder einzeln in Wildblumenwiesen.
Blüten ❁ zweihäusig. Die weißen Deckblätter bilden ca. 1 cm breite Körbchen. Nur Scheibenblüten als Röhrenblüten, gelb.
Pollenhöschenfarbe bräunlichgelb
Anmerkung In verschiedenen Sorten.

Gewöhnliche Pestwurz ♃
— *Petasites hybridus*

NEKTAR

MÄR	APR	MAI	JUN	JUL	AUG	SEP
3	3 3					

POLLEN

MÄR	APR	MAI	JUN	JUL	AUG	SEP
3	3 3					

Herkunft südliches und östliches Afrika
Höhe 15–40 cm
Wuchs Ausdauernde, krautige Pflanze mit dickem, von Schuppenblättern bedecktem Stängel und grundständigen, nierenförmig-rundlichen, unterseits wollig behaarten, bis 60 cm breiten Blättern.
Vorkommen, Verwendung Vor allem an Bachläufen und in Flussauen, bevorzugt feuchte oder zeitweise überflutete, nährstoffreiche, kalkhaltige Böden. Alte Heilpflanze.

Blüten ❁ am Ende des Stängels in einem zusammengesetzten, traubigen Blütenstand aus walzlichen Körbchen mit jeweils 5–100 Röhrenblüten. Bei den Pflanzen sind entweder die Griffel und Fruchtknoten oder die Staubgefäße fertil; rötlich-weißlich.
Pollenhöschenfarbe weißlich
Anmerkung Unter weiteren Arten: Weiße Pestwurz *(Petasites albus)*.

Gewöhnlicher Rainfarn ♃
— *Tanacetum vulgare*

NEKTAR						
MÄR	APR	MAI	JUN	JUL	AUG	SEP
				2 2	2 2	2 2

POLLEN						
MÄR	APR	MAI	JUN	JUL	AUG	SEP
				2 2	2 2	2 2

Weitere Namen Wurmkraut
Herkunft Europa, Westasien
Höhe 40–150 cm
Wuchs Ausdauernd, mit aufrechtem, oben verzweigtem Stängel und fiederteiligen Blättern.
Vorkommen, Verwendung Wege, Dämme, Waldränder, Ödland. Als Zierpflanze anspruchslos, liebt stickstoffhaltigen, sandigen Lehm- oder Tonboden.
Vermehrung durch Teilung.

Blüten ❁ in kleinen halbkugeligen Körbchen, endständig in Trugdolden. Nur Röhrenblüten, goldgelb.
Pollenhöschenfarbe gelborange
Anmerkung Weitere Arten als Zierpflanzen in vielen Sorten: Bunte Margerite *(Tancetum coccineum)*, Mutterkraut *(Tanacetum parthenium)*.

Garten-Ringelblume

— *Calendula officinalis*

⊙

NEKTAR						
MÄR	APR	MAI	JUN	JUL	AUG	SEP
			2	2 2	2 2	2 2

POLLEN						
MÄR	APR	MAI	JUN	JUL	AUG	SEP
			2	2 2	2 2	2 2

Weitere Namen Sonnwendblume, Goldblume
Herkunft Südeuropa
Höhe 20–60 cm
Wuchs Einjährig, buschig mit lanzettlichen Blättern.
Vorkommen, Verwendung Zier- und Heilpflanze im Kräuter- und Bauerngarten; für bunte Beete, gemischte Rabatten, durchlässige, sandig-lehmige, frische Böden, sonniger Standort.

Vermehrung Aussaat ab April ins Beet oder Auspflanzung Mitte Mai nach Anzucht.
Blüten ❁ in Körbchen, traubig am Ende der verzweigten Stängel angeordnet. Scheibenblüten als Röhrenblüten, zwittrig, funktionell männlich, Randblüten als Zungenblüten, weiblich, cremeweiß, gelb bis tieforange.
Pollenhöschenfarbe orange
Anmerkung Viele Sorten. Weitere Art: Acker-Ringelblume *(Calendula arvensis)*.

Gewöhnliche Schafgarbe ♃
— *Achillea millefolium*

NEKTAR						
MÄR	APR	MAI	JUN	JUL	AUG	SEP
				1 1	1 1	1 1

POLLEN						
MÄR	APR	MAI	JUN	JUL	AUG	SEP
			2 2	2 2	2 2	2 2

Weitere Namen Wiesen-Schafgarbe
Herkunft Europa, Asien
Höhe 30–100 cm
Wuchs Ausdauernde Wild- und Heilpflanze mit aufrechtem, nur oben verzweigtem Stängel und 2–3-fach fiederteiligen Blättern.
Vorkommen, Verwendung Halbtrockenrasen, trockene Wiesen, Dämme und Wegränder. Anspruchslos an den Boden, stickstoffliebend.

Blüten ❀ in sehr kleinen Körbchen, endständig in Trugdolden angeordnet. Innen 2–9 Scheibenblüten als Röhrenblüten, weißlich, außen 5 Zungenblüten, weiß oder zartrosa.
Pollenhöschenfarbe ocker
Anmerkung Viele Sorten als Zierpflanzen. Unter weiteren Arten: Gold-Garbe *(Achillea filipendulina)*.

Roter Scheinsonnenhut ♃
— *Echinacea purpurea*

NEKTAR

MÄR	APR	MAI	JUN	JUL	AUG	SEP
				2 2	2 2	2 2

POLLEN

MÄR	APR	MAI	JUN	JUL	AUG	SEP
				2 2	2 2	2 2

Weitere Namen Roter Sonnenhut, Purpur-Sonnenhut
Herkunft Nordamerika
Höhe 70–100 cm
Wuchs Ausdauernd, horstbildend, aufrecht, mit breit-lanzettlichen Blättern.
Vorkommen, Verwendung Zier- und Heilpflanze; gemischte Beete und Rabatten, sandig-lehmige, frische Böden an sonnigem Standort.
Vermehrung durch Aussaat oder Teilung.

Blüten am Ende des Stängels und der Zweige in Körbchen. Blütenboden kugel- oder kegelförmig erhöht, zwittrige Röhrenblüten, orangebraun oder grünlich. Randblüten als geschlechtslose Zungenblüten, rot, purpurrot oder weiß.
Pollenhöschenfarbe gelbbraun
Anmerkung Mehrere Sorten. Unter weiteren Arten: Schmalblättriger Scheinsonnenhut *(Echinacea angustifolia)*.

Fiederblättriges Schmuckkörbchen
— Cosmos bipinnatus

☉

NEKTAR						
MÄR	APR	MAI	JUN	JUL	AUG	SEP
				2 2	2 2	2 2

POLLEN						
MÄR	APR	MAI	JUN	JUL	AUG	SEP
				2 2	2 2	2 2

Weitere Namen Gemeine Kosmee, Mexikanische Aster
Herkunft Mittelamerika
Höhe 40–120 cm
Wuchs Einjährig, mit aufrechtem, oben verzweigtem Stängel und fiederschnittigen Blättern.
Vorkommen, Verwendung Bunte Beete, höhere Formen als Hintergrund, sandig-humose, frische, nährstoffreiche Böden, Sonne bis Halbschatten.
Vermehrung Aussaat im Mai ins Beet oder nach Anzucht Auspflanzung Mitte Mai.
Blüten ❁ in großen Körbchen am Ende des Stängels und der Zweige. Scheibenblüten als zwittrige Röhrenblüten, Randblüten als Zungenblüten, weiß, gelb, orange, purpurn, rot oder braun.
Pollenhöschenfarbe gelblich
Anmerkung Mehrere Sorten. Unter weiteren Arten: Gelbes Schmuckkörbchen *(Cosmos sulphureus)* in Sorten.

Sonnenauge ♃
— *Heliopsis helianthoides*

NEKTAR						
MÄR	APR	MAI	JUN	JUL	AUG	SEP
				3	3 3	3 3

POLLEN						
MÄR	APR	MAI	JUN	JUL	AUG	SEP
				2	2 2	2 2

Herkunft Nordamerika
Höhe 60–150 cm
Wuchs Ausdauernd, aufrecht buschig, horstbildend, mit breit-lanzettlichen Blättern.
Vorkommen, Verwendung Zierpflanze für gemischte Rabatten in Gruppen auf sandig-humosem, stickstoffreichem, frischem Boden an sonnigem oder halbschattigem Standort.
Vermehrung durch Teilung.
Blüten ❁ in Körbchen, einzeln am Ende des Stängels und der Zweige. Scheibenblüten als Röhrenblüten, gelb; Randblüten als Zungenblüten, goldgelb.
Pollenhöschenfarbe dunkelgelb
Anmerkung Mehrere Sorten. Unterart: *Heliopsis helianthoides* var. *scabra* in vielen Sorten.

Gewöhnliche Sonnenblume
— *Helianthus annuus*

⊙

NEKTAR						
MÄR	APR	MAI	JUN	JUL	AUG	SEP
				3 3	3 3	3

POLLEN						
MÄR	APR	MAI	JUN	JUL	AUG	SEP
				3 3	3 3	3

Herkunft Amerika
Höhe 100–300 cm
Wuchs Einjährig, mit aufrechtem, kaum verzweigtem Stängel und herzförmigen Blättern.
Vorkommen, Verwendung Landwirtschaftlicher Anbau als Ölfrucht und Futter; als Zierpflanze in unterschiedlichen Wuchshöhen, für gemischte Rabatten und vor Gehölzen an sonnigem Standort. Liebt nährstoffreichen, frischen, lehmigen Boden.

Blüten ❁ in großen Körbchen, einzeln am Ende des Stängels. Scheibenblüten zahlreich als zwittrige Röhrenblüten, gelbbraun; Randblüten als geschlechtslose Zungenblüten, goldgelb, in Ziersorten auch rot.
Pollenhöschenfarbe dunkelgelb
Anmerkung Viele Sorten. Unter weiteren Arten: Stauden-Sonnenblume *(Helianthus decapetalus)* in vielen Sorten.

Herbst-Sonnenbraut ♃
— *Helenium autumnale*

NEKTAR

MÄR	APR	MAI	JUN	JUL	AUG	SEP
				3 3	3 3	3 3

POLLEN

MÄR	APR	MAI	JUN	JUL	AUG	SEP
				4 4	4 4	4 4

Weitere Namen Gewöhnliche Sonnenbraut
Herkunft Nordamerika
Höhe 50–150 cm
Wuchs Ausdauernd, horstbildend, aufrecht, mit ovalen bis lanzettlichen Blättern.
Vorkommen, Verwendung Zierpflanze für gemischte Rabatten, auch in mehreren Sorten zusammen, auf sandig-lehmigem, nährstoffreichem, frischem Boden an einem sonnigen Standort.
Vermehrung durch Teilung oder Stecklinge.

Blüten ❁ am Ende des Stängels und der Zweige in Körbchen. Blütenboden kugelig erhöht, Röhrenblüten, braun. Randblüten als Zungenblüten, in Sorten gelb bis kastanienbraun, auch in Mischungen aus gelb bis rotbraun.
Pollenhöschenfarbe orange
Anmerkung Mehrere Sorten und weitere Arten in Sorten.

Prächtiger Sonnenhut ♃
— *Rudbeckia fulgida*

NEKTAR

MÄR	APR	MAI	JUN	JUL	AUG	SEP
				3 3	3 3	3 3

POLLEN

MÄR	APR	MAI	JUN	JUL	AUG	SEP
				3 3	3 3	3 3

Weitere Namen Gewöhnlicher Sonnenhut
Herkunft Nordamerika
Höhe 50–100 cm
Wuchs Ausdauernd, mit aufrecht buschigem Wuchs und lanzettlichen Blättern.
Vorkommen, Verwendung Für Gruppenpflanzung in gemischten Beeten auf sandig-lehmigem, nährstoffreichem, frischem bis feuchtem Boden an sonnigem Standort.
Vermehrung durch Teilung oder Aussaat.

Blüten ❀ in Körbchen am Ende des Stängels und der Zweige. Blütenboden kegelförmig erhöht, zwittrige Röhrenblüten, braun, Randblüten als geschlechtslose Zungenblüten, gold- bis orangegelb.
Pollenhöschenfarbe dunkelgelb
Anmerkung Mehrere Sorten.

Schlitzblättriger Sonnenhut ♃
— *Rudbeckia laciniata*

NEKTAR						
MÄR	APR	MAI	JUN	JUL	AUG	SEP
				2 2	2 2	2 2

POLLEN						
MÄR	APR	MAI	JUN	JUL	AUG	SEP
				2 2	2 2	2 2

Weitere Namen Langer Heinrich
Herkunft Nordamerika
Höhe 100–300 cm
Wuchs Ausdauernde Zierpflanze mit aufrechtem, wenig verzweigtem Stängel und lanzettlichen, unten fiederteiligen Blättern.
Vorkommen, Verwendung Vor Zäunen, Wänden und höheren Koniferen, auf sandigem, frischem Lehmboden an sonnigem, windgeschütztem Standort.
Vermehrung durch Teilung oder Stecklinge.

Blüten ❀ in Körbchen am Ende des Stängels und der Zweige. Blütenboden kegelförmig erhöht, zwittrige Röhrenblüten, braun. Randblüten als geschlechtslose Zungenblüten, goldgelb.
Pollenhöschenfarbe dunkelgelb
Anmerkung Mehrere Sorten. Unter weiteren Arten: Rauer Sonnenhut *(Rudbeckia hirta)*, Glänzender Sonnenhut *(Rudbeckia nitida)*.

Gestreifte Mexikanische Studentenblume

— *Tagetes tenuifolia*

⊙

NEKTAR

MÄR	APR	MAI	JUN	JUL	AUG	SEP
			2 2	2 2	2 2	2 2

POLLEN

MÄR	APR	MAI	JUN	JUL	AUG	SEP
			1 1	1 1	1 1	1 1

Weitere Namen Tagetes, Sammetblume
Herkunft Mexiko
Höhe 20–30 cm
Wuchs Einjährig, buschig mit fiederteiligen Blättern.
Vorkommen, Verwendung Für Gruppen in Beeten, Kästen, Kübeln sowie als Randpflanzung auf lehmigen, frischen Böden; Sonne.
Vermehrung Aussaat im März im Haus, Auspflanzung Mitte Mai. Für eine spätere Blüte Direktsaat Mitte Mai.

Blüten ❀ in Körbchen, zu mehreren doldentraubig am Ende der verzweigten Stängel. Scheibenblüten als Röhrenblüten, zwittrig, Randblüten als Zungenblüten, weiblich, gelb, orange und rotbraun.
Pollenhöschenfarbe gelblich
Anmerkung In Sorten. Unter weiteren Arten: Hohe Studentenblume *(Tagetes erecta)*, Kleine Studentenblume *(Tagetes* x *patula)*, jeweils viele Sorten.

Topinambur ♃
— Helianthus tuberosus

NEKTAR						
MÄR	APR	MAI	JUN	JUL	AUG	SEP
					2 2	2 2

POLLEN						
MÄR	APR	MAI	JUN	JUL	AUG	SEP
					2 2	2 2

Weitere Namen Erdbirne, Indianerknolle
Herkunft Nordamerika, in Europa eingebürgert
Höhe 100–300 cm
Wuchs Ausdauernde Wild-, Gemüse-, Futter- und Zierpflanze, oben verzweigter Stängel, breit lanzettliche, gezähnte Blätter.
Vorkommen, Verwendung Flusstäler, Waldränder, Ödland. Als Zierpflanze für Rabatten und vor Gehölzen auf stickstoffreichem, frischem Boden. Sonnig oder Halbschatten.

Vermehrung durch Knollen.
Blüten ❁ in Körbchen, einzeln am Ende des Stängels und der Zweige. Scheibenblüten als zwittrige Röhrenblüten, gelb. Randblüten als geschlechtslose Zungenblüten, goldgelb.
Pollenhöschenfarbe dunkelgel
Anmerkung Unter weiteren Arten: Weidenblättrige Sonnenblume *(Helianthus salicifolius)*.

Gewöhnlicher Wasserdost ♃
— *Eupatorium cannabinum*

NEKTAR						
MÄR	APR	MAI	JUN	JUL	AUG	SEP
				3 3	3 3	3 3

POLLEN						
MÄR	APR	MAI	JUN	JUL	AUG	SEP
				2 2	2 2	2 2

Weitere Namen Wasserhanf, Kunigundenkraut
Herkunft Europa, Westasien
Höhe 70–150 cm
Wuchs Ausdauernde Wild- und Heilpflanze mit aufrechtem, in der oberen Hälfte verzweigtem Stängel und meist dreiteilig handförmigen, gezähnten Blättern.
Vorkommen, Verwendung Lichte Laubwälder, Auwälder, Kahlschläge, Ufer, liebt feuchten, nährstoff- und kalkhaltigen Boden.

Blüten ❁ am Ende des Stängels in wenigblütigen Körbchen, die in Trugdolden zusammenstehen. Nur Röhrenblüten, hell- bis dunkelrosa.
Pollenhöschenfarbe gelblich
Anmerkung Unter weiteren Arten als Zierpflanze: Gefleckter Wasserdost *(Eupatorium maculatum)* in Sorten.

Gewöhnliche Wegwarte ♃
— *Cichorium intybus*

NEKTAR

MÄR	APR	MAI	JUN	JUL	AUG	SEP
				3 3	3 3	3

POLLEN

MÄR	APR	MAI	JUN	JUL	AUG	SEP
				3 3	3 3	3

Weitere Namen Zichorie
Herkunft Europa, Westasien
Höhe 30–130 cm
Wuchs Ausdauernd, mit aufrechtem, geknickt sparrig verzweigtem Stängel; untere Blätter schrotsägeförmig, obere lanzettlich.
Vorkommen, Verwendung Wegränder, trockene Wiesen, Ödland. Nutz- und Heilpflanze für stickstoffreichen, frischen Lehmboden an sonnigem Standort.

Blüten ❁ an den Enden der Stängel, Äste und in den Astwinkeln in Körbchen. Nur Zungenblüten, hellblau.
Pollenhöschenfarbe graugelb
Anmerkung Unterarten: Kaffee-Zichorie *(Cichorium intyus* var. *sativum)*, Chicorée *(Cichorium intybus* var. *foliosum)*. Verwandt: Endivie *(Cichorium endivia)*.

Zinnie

— *Zinnia elegans*

⊙

NEKTAR						
MÄR	APR	MAI	JUN	JUL	AUG	SEP
			2	2 2	2 2	

POLLEN						
MÄR	APR	MAI	JUN	JUL	AUG	SEP
			2	2 2	2 2	

Herkunft Mexiko
Höhe 40–100 cm
Wuchs Einjährige, aufrechte, krautige Pflanze mit sitzenden, gegenständig angeordneten, dreieckig-länglichen, kurz behaarten Blättern.
Vorkommen, Verwendung Zierpflanze für Parks und Bauerngärten, in bunten Blumenbeeten und gemischten Rabatten in Gruppen auf durchlässigen, sandig-humosen, nährstoffhaltigen, frischen Gartenböden an sonnigem Standort.

Vemehrung Aussaat im April im Haus, Auspflanzen ab Mitte Mai an sonnigen, geschützten Plätzen.
Blüten ❁ endständig in Körbchen mit bis zu 150 Röhrenblüten und 8–21, bei Züchtungen dem Dreifachen an weiblichen Zungenblüten, weiß, gelb, lachsrosa, rot und violett.
Pollenhöschenfarbe dunkelgelb
Anmerkung In vielen Sorten. Weitere Art: Schmalblättrige Zinnie *(Zinnia angustifolia)*.

Acker-Hederich

— *Raphanus raphanistrum*

NEKTAR						
MÄR	APR	MAI	JUN	JUL	AUG	SEP
			3 3	3 3		

POLLEN						
MÄR	APR	MAI	JUN	JUL	AUG	SEP
			2 2	2 2		

Herkunft Europa, Asien
Höhe 30–60 cm
Wuchs Einjährige Wildpflanze mit aufrechtem, verzweigtem Stängel und fiederteiligen, oben ungeteilten gezähnten Blättern.
Vorkommen, Verwendung Ödland, Äcker. Kalkarme, schwach saure Lehmböden.
Blüten in lockeren Trauben am Ende des Stängels und der Zweige, meist weiß mit violetten Adern, auch hellviolett oder hellgelb.
Pollenhöschenfarbe gelb

Anmerkung Unter weiteren Arten: Senfrauke *(Eruca sativa)*, Wiesen-Schaumkraut *(Cardamine pratensis)*.

Abessinischer Meerkohl
— *Crambe abyssinica*

⊙

NEKTAR						
MÄR	APR	MAI	JUN	JUL	AUG	SEP
		2	2 2	2		

POLLEN						
MÄR	APR	MAI	JUN	JUL	AUG	SEP
		2	2 2	2		

Herkunft Nordafrika, Äthiopien, Türkei
Höhe 60–120 cm
Wuchs Einjährige Ölfruchtpflanze mit aufrechtem, oben verzweigtem Stängel und unten gelappten, oben lanzettlichen Blättern.
Vorkommen, Verwendung Für neutrale, nährstoffreiche, frische, lehmige Sandböden. Wegen hohen Erucasäure-Gehalts des Öls nur für industrielle Zwecke, auch als Treibstoff, verwendbar.
Vermehrung Aussaat im Frühjahr.

Blüten ✿ klein, in Trauben am Ende des Stängels und der Zweige, weiß.
Pollenhöschenfarbe gelblich
Anmerkung Verwandt: Nördlicher Meerkohl *(Crambe maritima)*, Tataren-Meerkohl *(Crambe tataria)*.

Winter-Raps

— *Brassica napus* ssp. *napus*

NEKTAR

MÄR	APR	MAI	JUN	JUL	AUG	SEP
		4 4				

POLLEN

MÄR	APR	MAI	JUN	JUL	AUG	SEP
		4 4				

Weitere Namen Ölraps
Herkunft Mittelmeergebiet
Höhe 100–200 cm
Wuchs Zweijährig, als Blattrosette überwinternd, Stängel aufrecht, oben verzweigt, Blätter unten fiederteilig, oben herzförmig.
Vorkommen, Verwendung Bedeutendste Ölfrucht-, auch Futterpflanze; nährstoff- und kalkreiche, lehmige, frische Böden; luftfeuchtes, wintermildes Klima.
Vermehrung Aussaat Mitte August.

Blüten in Trauben an den Enden des Stängels und der Zweige, gelb.
Pollenhöschenfarbe gelb
Anmerkung Zur selben Unterart: Sommer-Raps. Zur selben Art: Kohl-Rübe (ssp. *rapifera*). Weitere Arten: Rübsen, Stoppelrübe, Chinakohl *(Brassica rapa)*, Gemüse-Kohl *(Brassica oleracea)*.

Öl-Rettich ⊙

— *Raphanus sativus* var. *oleiformis*

NEKTAR						
MÄR	APR	MAI	JUN	JUL	AUG	SEP
		3	3 3	3		

POLLEN						
MÄR	APR	MAI	JUN	JUL	AUG	SEP
		2	2 2	2		

Herkunft China
Höhe 60–120 cm
Wuchs Einjährige Zwischenfruchtfutter- und Ölfruchtpflanze mit aufrechtem, verzweigtem Stängel und fiederschnittigen Blättern.
Vorkommen, Verwendung Anbau auf nährstoffreichen, humosen, frischen, sandigen Lehmböden.
Vermehrung Aussaat als Ölfrucht rein, als Futterpflanze auch im Gemisch z. B. mit *Phacelia*.

Blüten ✿ in lockeren Trauben am Ende des Stängels und der Zweige, violett oder weiß mit dunkleren Adern.
Pollenhöschenfarbe gelb
Anmerkung Zur selben Art: u. a. Rettich, Radi *(Raphanus sativus* var. *niger)*, Radieschen *(Raphanus sativus* var. *sativus)* in verschiedenen Sorten.

Weißer Senf ⊙
— Sinapis alba

NEKTAR

MÄR	APR	MAI	JUN	JUL	AUG	SEP
			3 3		2	2 2

POLLEN

MÄR	APR	MAI	JUN	JUL	AUG	SEP
			3 3		3	3 3

Herkunft Mittelmeergebiet, Nordafrika, Zentralasien
Höhe 30–100 cm
Wuchs Einjährige Pflanze, mit aufrechtem, verzweigtem Stängel und buchtig-gezähnten Blättern.
Vorkommen, Verwendung Gewürz-, Futter- und Ölfruchtpflanze für nährstoff- und kalkreiche, humose, sandige Lehmböden.
Vermehrung Aussaat im zeitigen Frühjahr zur Körnergewinnung oder im Sommer als Zwischenfrucht, auch im Gemisch z. B. mit *Phacelia* und Buchweizen.
Blüten in lockeren Trauben am Ende des Stängels und der Zweige, hellgelb.
Pollenhöschenfarbe dunkelgelb
Anmerkung Verwandt: Acker-Senf *(Sinapis arvensis,* Illustration*)*.

Gewöhnlicher Faulbaum

— *Frangula alnus*

♄ ♄

NEKTAR						
MÄR	APR	MAI	JUN	JUL	AUG	SEP
		3	3 3	3		

POLLEN						
MÄR	APR	MAI	JUN	JUL	AUG	SEP
		2	2 2	2		

Weitere Namen Pulverholz
Herkunft Europa, West- und Nordasien
Höhe 4–6 m
Wuchs Aufrecht wachsender Strauch oder Baum mit breit-eiförmigen Blättern. Bildet Stockausschlag oder Wurzelbrut.
Vorkommen, Verwendung Unterholz in lichten Wäldern, Gebüschen und Mooren. Für Waldränder, Wasserläufe und Schutzpflanzungen auf frischen Böden. Sonne bis Schatten.

Blüten ❀ in Trugdolden zu 2–10 in den Blattachseln, klein, grünlich-weiß.
Pollenhöschenfarbe weißgelb
Anmerkung Weitere Kreuzdorngewächse: Echter Kreuzdorn *(Rhamnus cathartica)*.

Blaue Säckelblume
— *Ceanothus* x *delilianus*

ħ

NEKTAR						
MÄR	APR	MAI	JUN	JUL	AUG	SEP
				2 2	2 2	2 2

POLLEN						
MÄR	APR	MAI	JUN	JUL	AUG	SEP
				2 2	2 2	2 2

Weitere Namen Französische Hybrid-Säckelblume
Herkunft Nord- und Mittelamerika; Hybride aus *Ceanothus americanus* und *Ceanothus coeruleus*.
Höhe 1,5–3,5 m
Wuchs Gedrungener, wüchsiger Zierstrauch mit teils überhängenden Trieben; breit-ovale, an der Spitze stumpfe Blätter.
Vorkommen, Verwendung Für Gärten, auch in Heide- oder Steingartenbeeten, auf durchlässigem Boden an sonnigen, geschützten Plätzen.
Blüten ❀ an den Zweigenden in Büscheln, hellblau.
Pollenhöschenfarbe gelb
Anmerkung Weitere Sorten und Arten in Sorten.

Garten-Gurke

— *Cucumis sativus*

⊙

NEKTAR						
MÄR	APR	MAI	JUN	JUL	AUG	SEP
			3 3	3 3	3 3	

POLLEN						
MÄR	APR	MAI	JUN	JUL	AUG	SEP
			2 2	2 2	2 2	

Herkunft Indien
Höhe 40–60 cm
Wuchs Einjährig, mit kriechendem Stängel, mit Hilfe von Ranken bis 200 cm kletternd, und großen 3–5-lappigen Blättern.
Vorkommen, Verwendung Gemüsepflanze, verlangt nährstoffreichen, humosen Boden, viel Feuchtigkeit und sommerwarme, sonnige Lage.
Vermehrung Vorkultur im Haus, ab Mitte Mai ins Freiland setzen.

Blüten ❀ einhäusig, männliche Blüten büschelig gehäuft, weibliche kleiner, einzeln, in den Achseln der Blätter, gelb.
Pollenhöschenfarbe gelb
Anmerkung In Sorten. Weitere Art: Melone *(Cucumis melo)*. Verwandt: Garten-Kürbis und Zucchini *(Cucurbita pepo)*.

Lilie ♃

— Lilium

NEKTAR						
MÄR	APR	MAI	JUN	JUL	AUG	SEP
			3	3 3	3 3	3

POLLEN						
MÄR	APR	MAI	JUN	JUL	AUG	SEP
			3	3 3	3 3	3

Im Bild Asiatische Hybride 'Golden Pixie'
Herkunft Asien
Höhe 30–150 cm
Wuchs Ausdauerndes Zwiebelgewächs mit aufrechtem Stängel und wechselständigen, lanzettlichen Blättern.
Vorkommen, Verwendung Für gemischte Beete und Rabatten auf durchlässigen, nährstoffreichen, frischen lehmigen Sandböden an sonnigem Standort. Pflanzung der Zwiebeln im Spätsommer.

Blüten ✳ in einer Traube, aufwärts gerichtet am Ende des Stängels goldgelb, innen braun gesprenkelt.
Pollenhöschenfarbe gelb
Anmerkung Viele Sorten und Arten. Illustration: Türkenbund-Lilie.

Gewöhnlicher Andorn ♃
— *Marrubium vulgare*

NEKTAR						
MÄR	APR	MAI	JUN	JUL	AUG	SEP
				3 3	3 3	3 3

POLLEN						
MÄR	APR	MAI	JUN	JUL	AUG	SEP
				1 1	1 1	1 1

Weitere Namen Weißer Andorn, Weißer Dorant, Mariennessel, Helfkraut, Berghopfen
Herkunft West- bis Zentralasien, in Mittel- bis Nordeuropa eingebürgert.
Höhe 30–80 cm
Wuchs Staude mit aufrechtem, vierkantigem, dicht behaartem Stängel. Die gegenständigen, eiförmig-rundlichen Blätter sind runzelig, am Rand tief gezähnt, unterseits filzig behaart.
Vorkommen, Verwendung Auf Wildkraut- und Schuttplätzen, an Wegrändern und Zäunen, bevorzugt trockene Lehm- und Tonböden. Traditionelle Heilpflanze.
Blüten ✿ in kugeligen, übereinanderstehenden Scheinquirlen mit zahlreichen Einzelblüten. Staubfäden und Griffel sind nicht sichtbar. Die Oberlippe ist in zwei schmale Lappen geteilt, die Unterlippe dreiteilig. Weiß.
Pollenhöschenfarbe gelblich
Anmerkung Unter weiteren Arten: Ungarischer Andorn *(Marrubium peregrinum)*.

Graufilzige Bartblume ♄
— Caryopteris incana

NEKTAR						
MÄR	APR	MAI	JUN	JUL	AUG	SEP
				3 3	3 3	3 3

POLLEN						
MÄR	APR	MAI	JUN	JUL	AUG	SEP
				3 3	3 3	3 3

Weitere Namen Blaubart
Herkunft Ostasien
Höhe 0,5–1 m
Wuchs Halbstrauch, aufrecht wachsend mit dünnen Zweigen und gegenständigen, schmal elliptischen bis lanzettlichen, spitz zulaufenden, unregelmäßig gezähnten, unterseits filzig behaarten Blättern.
Vorkommen, Verwendung Vielseitig einsetzbar für Stauden- und Rosenbeete, Prärie- und Steingärten auf trockenen bis frischen, leichten, durchlässigen Böden an geschützten, vollsonnigen Standorten. Frostempfindlich, daher Winterschutz.
Blüten ✿ büschelartig in den Blattachseln der jungen Triebe, blau.
Pollenhöschenfarbe bräunlich
Anmerkung Unter weiteren Arten: Clandon-Bartblume *(Caryopteris* x *clandonensis)* als Kreuzung aus *Caryopteris incana* x *Caryopteris mongholica*.

Gewöhnlicher Dost ♃
— *Origanum vulgare*

NEKTAR

MÄR	APR	MAI	JUN	JUL	AUG	SEP
				3 3	3 3	3 3

POLLEN

MÄR	APR	MAI	JUN	JUL	AUG	SEP
				2 2	2 2	2 2

Weitere Namen Echter Dost, Wilder Dost, Oregano, Wilder Majoran, Wohlgemut
Herkunft Europa
Höhe 20–90 cm
Wuchs Ausdauernd, horstbildend, mit aufrechtem, oben verzweigtem Stängel und schmal-eiförmigen Blättern.
Vorkommen, Verwendung Bergwälder, lichte Trockenwälder, Halbtrockenrasen. Als Heil- und Würzpflanze für den Kräutergarten, auch für bunte Beete; durchlässige, alkalische, mäßig nährstoffhaltige Böden; sonniger Standort.
Blüten ✿ am Ende der Stängel und Zweige einzeln bis zu 3 in den Achseln von Hochblättern, einen rispig-trugdoldigen Gesamtblütenstand bildend, 2-lippig, blassrosa.
Pollenhöschenfarbe hellgelb
Anmerkung Weitere Art: Echter Majoran *(Origanum majorana)*.

Nesselblättrige Duftnessel ♃
— *Agastache rugosa*

NEKTAR

MÄR	APR	MAI	JUN	JUL	AUG	SEP
				3 3	3 3	

POLLEN

MÄR	APR	MAI	JUN	JUL	AUG	SEP
				2 2	2 2	

Herkunft China, Japan
Höhe 50–120 cm
Wuchs Ausdauernde Staude, mit aufrechtem, verzweigtem Stängel und lanzettlichen Blättern.
Vorkommen, Verwendung Als Zier- und Gewürzpflanze für gemischte Rabatten oder Hecken; frische, lehmige Sandböden von mittlerem Nährstoffgehalt an sonnigem Standort.

Vermehrung durch Aussaat und Stecklinge.
Blüten in einer aufrechten Ähre am Ende des Stängels und der Zweige, röhrenförmig, cremefarben, rosa oder blau.
Pollenhöschenfarbe gelb
Anmerkung Unter weiteren Arten: Anis-Ysop *(Agastache foeniculum)*.

Gelenkblume

— *Physostegia virginiana*

♃

NEKTAR						
MÄR	APR	MAI	JUN	JUL	AUG	SEP
				2 2	2 2	2 2

POLLEN						
MÄR	APR	MAI	JUN	JUL	AUG	SEP
				1 1	1 1	1 1

Weitere Namen Etagen-Erika
Herkunft Nordamerika
Höhe 60–150 cm
Wuchs Ausdauernd, Ausläufer treibend, mit Büscheln aufrechter, unverzweigter Stängel und ovalen Grund- und lanzettlichen, gezähnten Stängelblättern.
Vorkommen, Verwendung Zierpflanze für gemischte Rabatten und vor Gehölzen auf nährstoffreichem, frischem, sandigem Lehmboden in sonniger bis halbschattiger Lage.

Vermehrung durch Aussaat oder Teilung.
Blüten in endständigen, ährigen Scheinquirlen, glockig-röhrenförmig, 2-lappig, erikafarben, rosa oder weiß.
Pollenhöschenfarbe graugelb
Anmerkung Viele Sorten. Weitere Arten: Indianernessel (*Monarda*-Sorten), Ysop *(Hyssopus officinalis)*.

Echter Lavendel ♃

— Lavandula angustifolia

NEKTAR						
MÄR	APR	MAI	JUN	JUL	AUG	SEP
				3 3	3 3	3

POLLEN						
MÄR	APR	MAI	JUN	JUL	AUG	SEP
				1 1	1 1	1

Herkunft Mittelmeergebiet
Höhe 20–60 cm
Wuchs Ausdauernder Halbstrauch mit aufrechten, verzweigten Ästen und schmal lanzettlichen Blättern.
Vorkommen, Verwendung Angebaute Heil- und Gewürzpflanze. Als Zierpflanze für bunte Staudenrabatten sowie Heide- und Steingärten auf kalkhaltigen, trockenen lehmigen Böden von mittlerem Nährstoffgehalt an sonnigem Standort.

Vermehrung durch Aussaat oder Stecklinge.
Blüten ⚘ am Ende des Stängels und der Zweige in ährig angehäuften Scheinquirlen, röhrenförmig, 2-lappig, violett.
Pollenhöschenfarbe graugelb
Anmerkung Mehrere Sorten. Unter weiteren Arten: Schopf-Lavendel *(Lavendula stoechas)*, Speik-Lavendel *(Lavendula latifolia)*.

Lavendelblättriger Salbei ♃
— Salvia lavandulifolia

NEKTAR						
MÄR	APR	MAI	JUN	JUL	AUG	SEP
			3	3 3	3 3	3 3

POLLEN						
MÄR	APR	MAI	JUN	JUL	AUG	SEP
			1	1 1	1 1	1 1

Weitere Namen Spanischer Salbei
Herkunft Südwesteuropa
Höhe 30–50 cm
Wuchs Ausdauernd, mit aufrecht-buschigem Wuchs und schmal-eiförmigen Blättern.
Vorkommen, Verwendung Zier- und Heilpflanze für Kräuterbeete, gemischte Rabatten und Heidegärten; nährstoffarme, kalkhaltige, sandig-lehmige Böden, sonniger Standort.
Vermehrung durch Aussaat oder Stecklinge.

Blüten in übereinanderstehenden Scheinquirlen am Ende des Stängels und der Zweige, trichterförmig, 2-lippig, hell blauviolett.
Pollenhöschenfarbe gelblich
Anmerkung Viele Arten und Sorten von *Salvia*. Illustration: Wiesen-Salbei.

Purpurrote Taubnessel
— Lamium purpureum

⊙

NEKTAR

MÄR	APR	MAI	JUN	JUL	AUG	SEP
	2 2	2 2	2 2	2 2	2 2	

POLLEN

MÄR	APR	MAI	JUN	JUL	AUG	SEP
	1 1	1 1	1 1	1 1	1 1	

Weitere Namen Rote Taubnessel
Herkunft Europa
Höhe 15–50 cm
Wuchs Einjährige Wildpflanze mit aufrecht-buschigem Wuchs und herz- bis eiförmigen, zugespitzten, gezähnten Blättern. Blüht teilweise auch noch im Winter.
Vorkommen, Verwendung Äcker, Ödland, Gärten, Weinberge, Gebüsche. Liebt stickstoffhaltigen, lockeren, sandigen Lehmboden.

Blüten ✿ in übereinanderstehenden Scheinquirlen in den Achseln der oberen Blätter, röhrig, 2-lippig, rosa bis purpurrot.
Pollenhöschenfarbe rot
Anmerkung Unter zahlreichen weiteren Arten: Goldnessel *(Lamium galeobdolon)* in Sorten.

Steppen-Thymian ♃ ♄
— *Thymus pannonicus*

NEKTAR						
MÄR	APR	MAI	JUN	JUL	AUG	SEP
			3 3	3 3	3 3	3 3

POLLEN						
MÄR	APR	MAI	JUN	JUL	AUG	SEP
			2 2	2 2	2 2	2 2

Herkunft Ost- und Südosteuropa
Höhe 15–40 cm
Wuchs Staude oder Halbstrauch, breit wachsend mit aufrechtem oder aufgebogenem Stängel und schmal-lanzettlichen Blättern.
Vorkommen, Verwendung Für bunte Beet- und Staudenpflanzungen, Steingärten; sandig-lehmige, auch steinige Böden; warme, sonnige Lagen.
Vermehrung durch Teilung oder Stecklinge.

Blüten am Ende der Stängel und Zweige in einem aus Scheinquirlen zusammengesetzten, zylindrisch-kugeligen Blütenstand, 2-lippig, blassrosa bis hellpurpurrot.
Pollenhöschenfarbe grauweiß
Anmerkung Unter vielen weiteren Arten: Echter Thymian *(Thymus vulgaris,* Illustration), Sand-Thymian *(Thymus serpyllum)* in Sorten.

Zitronen-Thymian ♃ ♄

— *Thymus* x *citriodorus*

NEKTAR						
MÄR	APR	MAI	JUN	JUL	AUG	SEP
			3 3	3 3	3 3	3 3

POLLEN						
MÄR	APR	MAI	JUN	JUL	AUG	SEP
			2 2	2 2	2 2	2 2

Herkunft Europa, entstanden aus Feld-Thymian *(Thymus pulegioides)* und Garten-Thymian *(Thymus vulgaris)*
Höhe 20–30 cm
Wuchs Staude oder Halbstrauch, stark verzweigt, kugelig, mit sehr kleinen ovalen Blättern.
Vorkommen, Verwendung Kräutergarten, bunte Beet- und Staudenpflanzungen, durchlässiger alkalischer Boden in warmer, sonniger Lage.

Vermehrung durch Teilung oder Stecklinge.
Blüten am Ende der Stängel und Zweige in einem aus Scheinquirlen zusammengesetzten zylindrisch-kugeligen Blütenstand, 2-lippig, hell violett.
Pollenhöschenfarbe blassgelb
Anmerkung Mehrere Sorten. Unter weiteren Arten: Wolliger Thymian *(Thymus pseudolanuginosus)*.

Heil-Ziest ♃

— *Stachys officinalis*

NEKTAR

MÄR	APR	MAI	JUN	JUL	AUG	SEP
				3 3	3 3	3 3

POLLEN

MÄR	APR	MAI	JUN	JUL	AUG	SEP
				1 1	1 1	1 1

Weitere Namen Echter Ziest, Rote Betonie, Heil-Batunge
Herkunft Europa
Höhe 30–100 cm
Wuchs Ausdauernd; aufrechter, unverzweigter Stängel und schmal-eiförmige Blätter.
Vorkommen, Verwendung Wiesen, lichte Laub- und Mischwälder. Zier- und Heilpflanze für Rabatten. Wechselfeuchte, sandig-lehmige Böden in sonniger bis halbschattiger Lage.

Blüten in Quirlen zu einer endständigen, kopfigen Scheinähre zusammengesetzt, röhrig, 2-lappig, rotviolett, in Sorten auch rosa oder weiß.
Pollenhöschenfarbe gelblich
Anmerkung Unter weiteren Arten: Einjähriger Ziest *(Stachys annua)*, Aufrechter Ziest *(Stachys recta)*, Woll-Ziest *(Stachys byzantina)*.

Holländische Linde

— *Tilia x vulgaris*

♄ H

NEKTAR						
MÄR	APR	MAI	JUN	JUL	AUG	SEP
			4 4	4		

POLLEN						
MÄR	APR	MAI	JUN	JUL	AUG	SEP
			1 1	1		

Weitere Namen Zwischenlinde
Herkunft Europa; natürlich entstandener Bastard zwischen Sommer-Linde *(Tilia platyphyllos)* und Winter-Linde *(Tilia cordata)*
Höhe 25–40 m
Wuchs Baum mit hochgewölbter Krone und schief herzförmigen Blättern, blattunterseits hellgelbliche Achselbärte.
Vorkommen, Verwendung Laubmischwälder. Für Straßen und Alleen, gedeiht auch auf trockeneren, sandigen Böden.

Blüten ❀ in blattachselständigen, hängenden Trugdolden zu 3–7, gelblich.
Pollenhöschenfarbe gelb
Anmerkung In mehreren Sorten. Unter weiteren Arten: Winter- Linde *(Tilia cordata,* Illustration*)*.

Silber-Linde

— *Tilia tomentosa*

♄ H

NEKTAR						
MÄR	APR	MAI	JUN	JUL	AUG	SEP
				3	3	

POLLEN						
MÄR	APR	MAI	JUN	JUL	AUG	SEP
				1	1	

Herkunft Südosteuropa, Kleinasien
Höhe 20–30 m
Wuchs Baum mit breit pyramidaler Krone und rundlichen bis herzförmigen, unterseits silbrig-filzigen Blättern.
Vorkommen, Verwendung Für Parks und Stadtstraßen, verträgt Trockenheit, Hitze, Staub und Abgase. Kalkliebend.
Blüten ✿ in blattachselständigen, hängenden Trugdolden zu 5–10, gelblich.
Pollenhöschenfarbe hellgelb

Anmerkung In einigen Sorten. Unter weiteren Arten: Amerikanische Linde *(Tilia americana)*.

Sommer-Linde

— Tilia platyphyllos

ħ H

NEKTAR

MÄR	APR	MAI	JUN	JUL	AUG	SEP
			4 4	4		

POLLEN

MÄR	APR	MAI	JUN	JUL	AUG	SEP
			1 1	1		

Weitere Namen Großblättrige Linde
Herkunft Europa, Südwestasien
Höhe 15–40 m
Wuchs Kurzstämmiger Baum mit rundlicher Krone und schief herzförmigen Blättern, blattunterseits weiße Achselbärte.
Vorkommen, Verwendung Luftfeuchte Misch-, Schlucht und Bergwälder; für Parks, Plätze und als prägender Dorfbaum; liebt tiefgründige, nährstoffreiche, frische, lehmige Böden.

Blüten ✿ in blattachselständigen Trugdolden zu 2–5, hellgelb.
Pollenhöschenfarbe hellgelb
Anmerkung Unter weiteren Arten: Krimlinde *(Tilia x euchlora)*.

Moschus-Malve ♃
— Malva moschata

NEKTAR						
MÄR	APR	MAI	JUN	JUL	AUG	SEP
			3	3 3	3 3	3

POLLEN						
MÄR	APR	MAI	JUN	JUL	AUG	SEP
			1	1 1	1 1	1

Weitere Namen Bisam-Malve
Herkunft Süd- und Westeuropa
Höhe 40–100 cm
Wuchs Ausdauernd, mit aufrechtem Stängel und handförmig doppelt fiederteiligen Blättern.
Vorkommen, Verwendung Entlang der Verkehrswege verwildert; Zier- und Heilpflanze für gemischte Beete in Gruppen auf durchlässigem, sandig-lehmigem Boden, Sonne.

Blüten ❀ einzeln bis zu 3 in den Blattachseln, traubig gehäuft an den Enden der Stängel, rosa bis hell purpurviolett oder fast weiß.
Pollenhöschenfarbe weiß
Anmerkung In Sorten. Unter weiteren Arten: Wilde Malve *(Malva sylvestris)* in Sorten. Verwandt: Arten der Busch-Malve *(Lavatera)*.

Echter Roseneibisch ♄
— *Hibiscus syriacus*

NEKTAR						
MÄR	APR	MAI	JUN	JUL	AUG	SEP
				3 3	3 3	3 3

POLLEN						
MÄR	APR	MAI	JUN	JUL	AUG	SEP
				1 1	1 1	1 1

Weitere Namen Strauch-Eibisch, Garten-Eibisch, Hibiskus
Herkunft Indien, China
Höhe 1,5–3,5 m
Wuchs Strauch, aufrecht wachsend mit 3-lappigen, gezähnten Blättern.
Vorkommen, Verwendung Für Einzel- oder Gruppenpflanzung, auch Hecken in Gärten mit frischem, sandigem Lehmboden und mäßigem Nährstoffgehalt an einem warmen, geschützten Platz. In der Jugend frostgefährdet. Rückschnitt des Strauches im Winter, spätestens im März.
Blüten ❀ einzeln oder zu mehreren in den Blattachseln, in Sorten blauviolett, rosa bis weiß mit rotem Fleck oder weiß.
Pollenhöschenfarbe weißgelb
Anmerkung Viele Sorten. Unter weiteren Arten: Chinesischer Roseneibisch *(Hibiscus rosa-chinensis)* in vielen Sorten.

Orient-Stockrose
— *Alcea rosea*

⊙ ♃

NEKTAR						
MÄR	APR	MAI	JUN	JUL	AUG	SEP
				3 3	3 3	3

POLLEN						
MÄR	APR	MAI	JUN	JUL	AUG	SEP
				1 1	1 1	1

Weitere Namen Chinesische Stockrose, Gewöhnliche Stockrose, Stockmalve, Eibisch, Pappelrose
Herkunft Östlicher Mittelmeerraum, Asien
Höhe 100–250 cm
Wuchs Zweijährig bis ausdauernd, aufrecht wachsend mit 5–7-lappigen Blättern.
Vorkommen, Verwendung Für Gruppenpflanzung für Staudenbeete und Bauerngärten, als Hintergrund oder vor Wänden; kalkhaltige, nährstoffreiche, frische, sandig-lehmige Böden an sonnigem, geschützten Platz.
Blüten ❀ meist zu mehreren in den Achseln der oberen Blätter, in Sorten rosa, violett, cremefarben, gelb, schwarzrot oder weiß.
Pollenhöschenfarbe hellviolett
Anmerkung Viele Sorten. Weitere Arten: Runzlige Stockrose *(Alcea rugosa)*, Schwefelgelbe Stockrose *(Alcea sulphurea)*.

Gefingerter Lerchensporn ♃
— *Corydalis solida*

NEKTAR						
MÄR	APR	MAI	JUN	JUL	AUG	SEP
2	2 2	2 2				

POLLEN						
MÄR	APR	MAI	JUN	JUL	AUG	SEP
2	2 2	2 2				

Weitere Namen Finger-Lerchensporn
Herkunft Europa, Asien
Höhe 10–30 cm
Wuchs Ausdauernde Knollenpflanze mit aufrechtem Stängel; Blätter mit 3 gestielten, 3-teiligen Blättchen.
Vorkommen, Verwendung Laubwälder, Gebüsche und Hecken. Als Zierpflanze vor Sträuchern oder für Steingärten auf durchlässigem, humosem, kalkarmem Boden an halbschattigem Standort.
Vermehrung durch Teilung oder Aussaat. Samt sich selbst aus.
Blüten ✿ in endständiger Traube, jeweils in der Achsel eines fingerförmig eingeschnittenen Tragblattes, gespornt, purpurrot oder violett.
Pollenhöschenfarbe wachsgelb
Anmerkung Unter weiteren Arten: Hohler Lerchensporn *(Corydalis cava)*, Gelber Lerchensporn *(Corydalis lutea)*.

Orientalischer Mohn

— *Papaver orientale*

♃

NEKTAR						
MÄR	APR	MAI	JUN	JUL	AUG	SEP
		0	0 0	0 0		

POLLEN						
MÄR	APR	MAI	JUN	JUL	AUG	SEP
		3	3 3	3 3		

Weitere Namen Türkischer Mohn, Staudenmohn
Herkunft Vorderasien
Höhe 60–100 cm
Wuchs Ausdauernd, aufrecht buschig, mit langen, gefiederten Blättern.
Vorkommen, Verwendung Als Hintergrund für gemischte Beet- und Staudenpflanzungen; durchlässige, frische Böden; sonnige Standorte.

Vermehrung durch Aussaat oder Teilung.
Blüten ✿ einzeln am Ende der Stängel, rosa oder rot mit violettem Zentrum und einem dunklen Fleck am Grunde jeden Blütenblatts.
Pollenhöschenfarbe schwarzgrau
Anmerkung Viele Sorten. Unter weiteren Arten: Island-Mohn *(Papaver nudicaule)* in vielen Sorten, Schlaf-Mohn *(Papaver somniferum)* in Sorten.

Großes Schöllkraut ♃
— *Chelidonium majus*

NEKTAR						
MÄR	APR	MAI	JUN	JUL	AUG	SEP
		0 0	0 0	0 0	0 0	0

POLLEN						
MÄR	APR	MAI	JUN	JUL	AUG	SEP
		2 2	2 2	2 2	2 2	2

Weitere Namen Schellkraut
Herkunft Europa, Westasien
Höhe 20–80 cm
Wuchs Ausdauernde Wildpflanze mit aufrechtem, verzweigtem Stängel und gelappten Blättern.
Vorkommen, Verwendung Feuchte, lichte Wälder, Gebüsche und Gärten auf frischen, stickstoffreichen Böden. Auch als Bodendecker in Sonne und Schatten.
Vermehrung samt sich selbst aus.

Blüten ❀ blattachselständig zu 2–10 in einer lockeren Dolde, leuchtend gelb.
Pollenhöschenfarbe gelb
Anmerkung Unter weiteren Mohngewächsen: Roter und Gelber Hornmohn *(Glaucium corniculatum* und *Glaucium flavum).*

Duftender Schneeball ♄
— Viburnum farreri

NEKTAR						
MÄR	APR	MAI	JUN	JUL	AUG	SEP
2 2	2 2					

POLLEN						
MÄR	APR	MAI	JUN	JUL	AUG	SEP
2 2	2 2					

Weitere Namen Duftschneeball, Faschingsschneeball, Winterschneeball
Herkunft Nordasien
Höhe 2–4 m
Wuchs Straff aufrecht, später leicht überhängend, dicht buschig wachsender, Ausläufer treibender, frostharter Strauch mit gegenständigen, elliptischen bis lanzettlichen, gezähnten, runzligen Blättern.
Vorkommen, Verwendung Dekorativer Winterblüher für Einzelstellung, Gruppen oder Hecken auf frischen, sandig-lehmigen, humosen Böden in sonniger bis leicht halbschattiger Lage.
Blüten ❀ vor dem Blattaustrieb, Blühbeginn zuweilen schon im Dezember in endständigen, 3–5 cm langen Rispen, röhrenförmig, 1,5 cm groß, weiß bis hellrosa.
Pollenhöschenfarbe gelb
Anmerkung Einige Arten und Sorten; Elternteil der Sorte Bodnanter Schneeball *(Virburnum* x *bodnantense).*

Fuchsie ♄
— *Fuchsia*-Sorten

NEKTAR						
MÄR	APR	MAI	JUN	JUL	AUG	SEP
			2 2	2 2	2 2	

POLLEN						
MÄR	APR	MAI	JUN	JUL	AUG	SEP
			1 1	1 1	1 1	

Herkunft Süd- und Mittelamerika
Höhe 30–120 cm
Wuchs Strauch, aufrecht oder hängend mit ovalen bis lanzettlichen Blättern.
Vorkommen, Verwendung Als Kasten-, Ampel- oder Beetpflanze auf nährstoff- und humusreichem, feuchtem Boden an geschütztem, halbschattigem Standort. Überwinterung hell bei mindestens 3 °C und mäßiger Feuchtigkeit. Nur die Freilandfuchsie *(Fuchsia magellanica)* ist mäßig winterhart.

Vermehrung durch Stecklinge
Blüten meist hängend, mit verlängerter Kelchröhre, zurückgebogenen, farbigen Kelchblättern und breiten, oft andersfarbigen Blütenblättern, violett, rot, rosa oder weiß.
Pollenhöschenfarbe gelblich
Anmerkung Viele Sorten und Arten.

Gewöhnliche Nachtkerze
— Oenothera biennis

NEKTAR						
MÄR	APR	MAI	JUN	JUL	AUG	SEP
			2	2 2	2 2	

POLLEN						
MÄR	APR	MAI	JUN	JUL	AUG	SEP
			2	2 2	2 2	

Weitere Namen Rapontikawurzel
Herkunft Nord- und Südamerika, in Europa eingebürgert
Höhe 60–100 cm
Wuchs Zweijährig, aufrecht mit lanzettlichen Blättern.
Vorkommen, Verwendung Böschungen, Bahnschotter, Kiesflächen. Zierpflanze für Steingärten, Beete und Rabatten; durchlässige, mäßig trockene Böden mit mittlerem Nährstoffgehalt; sonnige Standorte.

Vermehrung durch Aussaat
Blüten einzeln in den Achseln der oberen Blätter, leuchtend gelb.
Pollenhöschenfarbe gelblich
Anmerkung Mehrere Sorten. Unter weiteren Arten: Stauden-Nachtkerze *(Oenothera fruticosa)*.

Schmalblättriges Weidenröschen ♃
— Epilobium angustifolium

NEKTAR						
MÄR	APR	MAI	JUN	JUL	AUG	SEP
			3 3	3 3	3 3	

POLLEN						
MÄR	APR	MAI	JUN	JUL	AUG	SEP
			2 2	2 2	2 2	

Weitere Namen Wald-Weidenröschen, Stauden-Feuerkraut
Herkunft Gemäßigte und kalte Zonen der nördlichen Hemisphäre
Höhe 50–150 cm
Wuchs Ausdauernd, Ausläufer treibend, aufrecht mit schmal-lanzettlichen Blättern.
Vorkommen, Verwendung Lichtungen, Kahlschläge, Felsschutt, Waldränder. Zierpflanze für Rabatten und als Hintergrundpflanze auf durchlässigem, stickstoffhaltigem, frischem Boden an sonnigem bis halbschattigem Standort.
Vermehrung durch Selbstaussaat oder Stecklinge.
Blüten einzeln in den Achseln der oberen Blätter und in einer endständigen Traube, rotviolett.
Pollenhöschenfarbe bläulich
Anmerkung Weitere Arten: Breitblättriges *(E. latifolium)*, Sumpf-Weidenröschen *(E. palustre)*.

Engelstrompete
— *Brugmansia* x *candida*

NEKTAR

MÄR	APR	MAI	JUN	JUL	AUG	SEP
				2 2	2 2	2 2

POLLEN

MÄR	APR	MAI	JUN	JUL	AUG	SEP
				2 2	2 2	2 2

Herkunft Nördliches Südamerika, Anden; Kreuzung aus Goldener Engelstrompete *(Brugmansia aurea)* und *Brugmansia versicolor.*
Höhe 2–4 m
Wuchs Ziergehölz mit niedrigem, kurz verzweigtem Stamm und langen, ovalen Blättern an den Zweigenden.
Vorkommen, Verwendung Für Einzelaufstellung in großen Kübeln; nährstoffreicher, humoser Boden; gute Wasserversorgung; sonnige, geschützte Standorte. Überwinterung hell bei 5–7 °C.
Vermehrung durch Spitzenstecklinge.
Blüten hängend an den Enden der Zweige, trompetenförmig, 30 cm lang, weiß, rosa, rötlich, gelblich.
Pollenhöschenfarbe graugelb
Anmerkung Mehrere Sorten und weitere Arten in Sorten.

Vogel-Sternmiere ⊙

— *Stellaria media*

NEKTAR						
MÄR	APR	MAI	JUN	JUL	AUG	SEP
2	2 2	2 2	2 2	2 2	2 2	2 2

POLLEN						
MÄR	APR	MAI	JUN	JUL	AUG	SEP
1	1 1	1 1	1 1	1 1	1 1	1 1

Weitere Namen Vogelmiere, Sternkraut, Hühnerdarm
Herkunft Nördliches Südamerika, Anden
Höhe 5–60 cm
Wuchs Einjährige Wild- und alte Heilpflanze mit kriechendem, aufsteigendem Stängel und eiförmig-spitzen Blättern.
Vorkommen, Verwendung Hackfruchtäcker, Schuttplätze, Gärten.
Blüten ✿ klein, gabelständig zu 3–6 und endständig, einzeln, weiß.

Pollenhöschenfarbe grüngelb
Anmerkung Unter weiteren Arten: Große Sternmiere *(Stellaria holostea),* auch als Zierpflanze.

Gewöhnlicher Flieder ♄
— Syringa vulgaris

NEKTAR						
MÄR	APR	MAI	JUN	JUL	AUG	SEP
	2	2 2				

POLLEN						
MÄR	APR	MAI	JUN	JUL	AUG	SEP
	3	3 3				

Herkunft Südosteuropa
Höhe 2–6 m
Wuchs Strauch, aufrecht, dicht verzweigt mit ei-herzförmigen Blättern. Treibt Ausläufer.
Vorkommen, Verwendung Örtlich auf Steinschutt und an Felsen verwildert. Für Parks und Gärten einzeln, in Gruppen oder als ungeschnittene Hecken auf nährstoffreichem, kalkhaltigem, frischem Boden.
Blüten zahlreich in endständigen, aufrechten Rispen, weiß, lila bis purpurrot.

Pollenhöschenfarbe wachsgelb
Anmerkung Viele Sorten; weitere Arten und Hybriden.

Gewöhnlicher Liguster ♄
— Ligustrum vulgare

NEKTAR						
MÄR	APR	MAI	JUN	JUL	AUG	SEP
			2 2	2 2		

POLLEN						
MÄR	APR	MAI	JUN	JUL	AUG	SEP
			2 2	2 2		

Weitere Namen Rainweide, Zaunriegel
Herkunft Europa
Höhe 2–5 m
Wuchs Strauch, aufrecht mit schmal-eiförmigen Blättern.
Vorkommen, Verwendung Lichte Wälder und Gebüsche, im Schatten größerer Gehölze als Unterholz. Für dichte, geschnittene Hecken in Gärten und Windschutzhecken in der Landschaft. Anspruchslos an den Boden, verträgt Stadtklima sowie sonnige und schattige Lage.

Blüten ✿ in endständigen, gedrungenen Rispen, trichterförmig, weiß.
Pollenhöschenfarbe hellgelb
Anmerkung Verschiedene Gartensorten. Unter weiteren Arten: Ovalblättriger Liguster *(Ligustrum ovalifolium)*.

Schmalblättrige Ölweide

— *Elaeagnus angustifolia*

NEKTAR						
MÄR	APR	MAI	JUN	JUL	AUG	SEP
		3	3 3			

POLLEN						
MÄR	APR	MAI	JUN	JUL	AUG	SEP
		1	1 1			

Herkunft Östlicher Mittelmeerraum
Höhe 5–8 m.
Wuchs Strauch oder kleiner Baum mit lockerem Aufbau und schmal-lanzettlichen Blättern.
Vorkommen, Verwendung Zur Bepflanzung von Dünen und anderen Böden mit hohem Salzgehalt, als Windschutz- und Heckenpflanze für trockenen und feuchten Boden, Sonne und Halbschatten. Abgasverträglich.

Blüten in den Blattachseln der Jungtriebe, 4-zählig, glockenförmig, außen silbrig, innen gelb.
Pollenhöschenfarbe gelblich
Anmerkung In Sorten. Unter weiteren Arten: Silber-Ölweide *(Elaeagnus commutata)*, Doldige Ölweide *(Elaeagnus umbellata)*.

Borretsch

— *Borago officinalis*

⊙

NEKTAR						
MÄR	APR	MAI	JUN	JUL	AUG	SEP
			4 4	4 4	4 4	4

POLLEN						
MÄR	APR	MAI	JUN	JUL	AUG	SEP
			2 2	2 2	2 2	2

Weitere Namen Gurkenkraut
Herkunft Mittelmeerraum
Höhe 20–80 cm
Wuchs Einjährige Gewürz- und Heilpflanze, buschig. Stängel und die länglich-ovalen Blätter borstig behaart.
Vorkommen, Verwendung Für Kräuterbeete wie für bunte Rabatten, sehr anpassungsfähig, liebt durchlässigen, frischen Boden und einen sonnigen, windgeschützten Platz.

Vermehrung Aussaat ab April. Samt sich auch selbst aus.
Blüten ❀ endständig zu mehreren in locker verzweigten, scheinrispigen Blütenständen, sternförmig, himmelblau.
Pollenhöschenfarbe grau
Anmerkung Unter weiteren Raublattgewächsen: Gewöhnliche Hundszunge *(Cynoglossum officinale)*, Italienische Ochsenzunge *(Anchusa azurea)*.

Blauer Natternkopf
— *Echium vulgare*

NEKTAR

MÄR	APR	MAI	JUN	JUL	AUG	SEP
			3	3 3	3 3	3

POLLEN

MÄR	APR	MAI	JUN	JUL	AUG	SEP
			2	2 2	2 2	2

Weitere Namen Gewöhnlicher Natternkopf
Herkunft Europa, Mittelmeerraum
Höhe 30–120 cm
Wuchs Zweijährig, Stängel aus einer Rosette, borstig behaart, Blätter schmal-lanzettlich.
Vorkommen, Verwendung Schutt- und Schotterflächen, Bahndämme, Steinbrüche, Wegränder. Liebt lehmigen, steinigen Boden.
Blüten ❁ an der oberen Hälfte des Stängels zu mehreren, trichterförmig, erst rot, dann blau.

Pollenhöschenfarbe graublau
Anmerkung Gartenpflanze: Wegerichblättriger Natternkopf *(Echium plantagineum)*.

Strauchige Sonnenwende

— *Heliotropium arborescens*

ƀ

NEKTAR

MÄR	APR	MAI	JUN	JUL	AUG	SEP
			3 3	3 3	3 3	3 3

POLLEN

MÄR	APR	MAI	JUN	JUL	AUG	SEP
			1 1	1 1	1 1	1 1

Weitere Namen Vanilleblume, Heliotrop
Herkunft Peru
Höhe 20–120 cm
Wuchs Halbstrauch mit aufrechten Stängeln und ovalen, runzeligen Blättern.
Vorkommen, Verwendung Zierpflanze für nährstoffreichen, kalkhaltigen Boden und geschützten Platz.
Vermehrung Benötigt 5 °C zur Überwinterung, deshalb meist Anzucht im Frühjahr aus Samen, im Herbst aus Stecklingen.

Blüten ✿ dicht zusammensitzend, violett, blau, gelb und weiß.
Pollenhöschenfarbe grau
Anmerkung Mehrere Sorten. Wildform im Weinbauklima: Europäische Sonnenwende *(Heliotropium europaeum)*.

Wald-Vergissmeinnicht ☉ ♃
— Myosotis sylvatica

NEKTAR						
MÄR	APR	MAI	JUN	JUL	AUG	SEP
		2 2	2 2	2 2	2 2	

POLLEN						
MÄR	APR	MAI	JUN	JUL	AUG	SEP
		1 1	1 1	1 1	1 1	

Herkunft Europa
Höhe 15–50 cm
Wuchs Einjährig bis kurzlebig ausdauernd, Blätter oval bis zungenförmig.
Vorkommen, Verwendung Laub-, Misch- und Auwälder, Wege, Wiesen. Zierpflanze für Beetpflanzungen und Wegränder sowie vor Gehölzen. Liebt einen halbschattigen Platz und nährstoffreichen, lehmigen, feuchten Boden.
Vermehrung durch Aussaat oder Teilung.

Blüten ❀ in Scheinrispen zu 7–25, klein, erst violett, dann blau.
Pollenhöschenfarbe gelb
Anmerkung In Sorten. Unter weiteren Arten: Sumpf-Vergissmeinnicht *(Myosotis palustris)* in Sorten, Acker-Vergissmeinnicht *(Myosotis arvensis)*. Ähnlich: Frühlings-Nabelnüsschen, Gedenkemein *(Omphalodes verna)*.

Weißer Diptam ♃
— Dictamnus albus

NEKTAR

MÄR	APR	MAI	JUN	JUL	AUG	SEP
		3	3 3	3 3		

POLLEN

MÄR	APR	MAI	JUN	JUL	AUG	SEP
		2	2 2	2 2		

Weitere Namen Eschenblättriger Diptam, Brennender Busch, Gaspflanze
Herkunft Mittelmeergebiet bis Nordchina
Höhe 60–120 cm
Wuchs Ausdauernd, buschig, horstbildend, gefiederte Blätter und gezähnte Blättchen.
Vorkommen, Verwendung Wild im Weinanbauklima an trockenen Hängen. Für Einzelpflanzung in gemischten Beeten auf durchlässigem, kalkhaltigem, mäßig nährstoffhaltigem Boden an sonnigem Platz.

Vermehrung durch Selbstaussaat.
Blüten ✿ zahlreich in einer Traube, zweiseitig symmetrisch: 4 von den 5 Blütenblättern nach oben, 1 nach unten gerichtet, weiß oder rosa mit dunkler Äderung.
Pollenhöschenfarbe gelbbraun
Anmerkung Weiteres Rautengewächs: Hopfenstrauch *(Ptelea trifoliata)*.

Samthaarige Stinkesche
— *Tetradium daniellii* syn. *Euodia daniellii*

NEKTAR						
MÄR	APR	MAI	JUN	JUL	AUG	SEP
				4	4 4	4

POLLEN						
MÄR	APR	MAI	JUN	JUL	AUG	SEP
				3	3 3	3

Weitere Namen Koreanische Euodia, Bienenbaum, Honigesche, Tausendblütenstrauch
Herkunft Korea, Nordchina
Höhe 8–15 m
Wuchs Aufrecht wachsender Baum mit schirmartiger Krone, gefiederten Blättern mit spitz-ovalen Blättchen.
Vorkommen, Verwendung Für Parks, Gärten und Arboreten; nährstoffreiche, durchlässige, frische Böden in sonniger, geschützter Lage. In der Jugend frostempfindlich. Blühreife ab etwa 10 Jahren.
Vermehrung durch Anzucht aus Samen.
Blüten zahlreich in großen, endständigen Doldenrispen, grünlich weiß.
Pollenhöschenfarbe hellbraun
Anmerkung Ähnlich: Hupeh-Euodia *(Tetradium daniellii*-Hupehense-Gruppe). Weiteres Rautengewächs: Amur-Korkbaum *(Phellodendron amurense)*.

Wohlriechende Resede
— Reseda odorata

⊙

NEKTAR						
MÄR	APR	MAI	JUN	JUL	AUG	SEP
			2	2 2	2 2	2 2

POLLEN						
MÄR	APR	MAI	JUN	JUL	AUG	SEP
			3	3 3	3 3	3 3

Weitere Namen Gartenresede
Herkunft Nordafrika, südöstlicher Mittelmeerraum
Höhe 25–60 cm
Wuchs Einjährig, mit aufsteigenden Trieben, kleinen, länglich-ovalen Blättern und unscheinbaren Blüten.
Vorkommen, Verwendung Zier- und Duftpflanze sowie Nutzpflanze zur Parfümherstellung. Als Zwischenpflanzung für Beete und Rabatten, auf durchlässigem, nährstoffreichem, kalkhaltigem, frischem Boden in Sonne bis Halbschatten.
Vermehrung durch Aussaat an Ort und Stelle oder Vorkultur
Blüten ❁ zahlreich in einer ährigen Traube, grün und rosa, in Sorten auch rot und gelb.
Pollenhöschenfarbe gelbbraun
Anmerkung Mehrere Sorten. Verwandt: Gelber Wau *(Reseda lutea)*, Färber-Wau *(Reseda luteola)*, Weiße Resede *(Reseda alba)*.

Kultur-Apfel
— Malus domestica

NEKTAR

MÄR	APR	MAI	JUN	JUL	AUG	SEP
	4	4 4				

POLLEN

MÄR	APR	MAI	JUN	JUL	AUG	SEP
	4	4 4				

Herkunft Wildformen aus Südosteuropa und Westasien
Höhe 2–15 m
Wuchs Baum, Gestalt beeinflusst von Unterlage, Sorte, Schnitt; breit eiförmige Blätter.
Vorkommen, Verwendung Obstbaum, braucht einen tiefgründigen, nährstoffreichen, frischen Boden sowie einen sonnigen Standort.
Blüten ❀ in Trugdolden, weiß bis rötlich überlaufen. Selbststeril, deshalb weitere pollenspendende Befruchtersorte in der Nähe erforderlich.
Pollenhöschenfarbe hell- bis dunkelgelb
Anmerkung Stets veredelt in vielen Sorten. Unter weiteren Arten in Sorten: Holzapfel *(Malus sylvestris)*, Vielblütiger Apfel *(Malus floribunda)*.

Schneeballblättrige Blasenspiere ♄
— *Physocarpus opulifolius*

NEKTAR						
MÄR	APR	MAI	JUN	JUL	AUG	SEP
		2	2 2	2 2		

POLLEN						
MÄR	APR	MAI	JUN	JUL	AUG	SEP
		2	2 2	2 2		

Weitere Namen Schneeball-Blasenspiere, Virginische Blasenspiere, Knackbusch
Herkunft Östliches Nordamerika
Höhe 2–4 m
Wuchs Aufrechter, wüchsiger Strauch mit überhängenden Zweigen und breit eiförmigen, meist drei bis fünf spitz- oder stumpflappigen Blättern.
Vorkommen, Verwendung Sehr anspruchsloser und winterharter, robuster, stadtfester Zierstrauch für Einzelstellung, Gruppen oder Hecken, auch Windschutzhecken, als Unterpflanzung oder Deckstrauch für trockene bis feuchte sowie sonnige bis schattige Standorte. Stellenweise verwildert in Bruch- und Auwäldern.
Blüten ✿ zwittrig, zahlreich in kugeligen, bis 5 cm großen Schirmtrauben, weiß oder cremefarben bis rosa.
Pollenhöschenfarbe gelblich
Anmerkung Verschiedene Unterarten; Sorte 'Diabolo' mit dunkelroten Blättern.

Echte Brombeere ♄

— *Rubus fruticosus*

NEKTAR						
MÄR	APR	MAI	JUN	JUL	AUG	SEP
		3	3 3	3 3	3	

POLLEN						
MÄR	APR	MAI	JUN	JUL	AUG	SEP
		3	3 3	3 3	3	

Herkunft Europa
Höhe 0,5–2 m
Wuchs Strauch mit überhängenden Trieben, die nach dem 2. Jahr absterben, und 5- bis 7-zählig gefingerten Blättern.
Vorkommen, Verwendung Wälder, Gebüsche. Beerenobst für nährstoffreiche, frische Böden und sonnige Standorte.
Vermehrung durch Teilen der Wurzelstöcke.
Blüten ❀ an meist zweijährigen Trieben in lockeren Rispen, weiß oder zart rosa.

Pollenhöschenfarbe grau
Anmerkung Viele Wildformen und Sorten, auch stachellos. Weitere Arten: Kratzbeere *(Rubus caesius)*, Himbeere *(Rubus idaeus)* in vielen Sorten.

Gewöhnliche Eberesche

— *Sorbus aucuparia*

♄ ♄

NEKTAR						
MÄR	APR	MAI	JUN	JUL	AUG	SEP
		2 2	2 2			

POLLEN						
MÄR	APR	MAI	JUN	JUL	AUG	SEP
		2 2	2 2			

Weitere Namen Gewöhnliche Vogelbeere, Vogelbeerbaum
Herkunft Europa bis Westasien und Sibirien
Höhe 5–15 m
Wuchs Baum oder Strauch mit schirmartiger Krone; gefiederte Blätter mit gezähnten Blättchen.
Vorkommen, Verwendung Waldränder, Mischwälder in Tiefland und Gebirge. Robust und anspruchslos, auch als Straßenbaum und Pioniergehölz. Bevorzugt kühl-luftfeuchte Lagen und sonnige Standorte. Blühreife mit 12–15 Jahren.
Blüten ❀ in Trugdolden, klein, gelblich weiß.
Pollenhöschenfarbe gelblich
Anmerkung Eberesche *(Sorbus aucuparia* ssp. *moravica)* mit bitterstoffarmen, genießbaren Früchten.

Mittelmeer-Feuerdorn

— *Pyracantha coccinea*

ħ

NEKTAR

MÄR	APR	MAI	JUN	JUL	AUG	SEP
		2	2 2			

POLLEN

MÄR	APR	MAI	JUN	JUL	AUG	SEP
		2	2 2			

Herkunft Südeuropa bis Westasien
Höhe 1–3 m
Wuchs Strauch, dichtbuschig, sparrig verzweigt, dornig, mit immergrünen lanzettlichen bis eiförmigen Blättern und kleinen roten Früchten.
Vorkommen, Verwendung Als Stadtgrün, für Böschungen oder undurchdringliche Hecken; frische bis trockene Böden in Sonne oder Halbschatten. Verträgt Hitze und Trockenheit.

Blüten ✿ zahlreich in Doldentrauben, weißlich.
Pollenhöschenfarbe gelblich
Anmerkung Weitere Art: Schmalblättriger Feuerdorn *(Pyracantha angustifolia)*.

Sibirische Fiederspiere ♄

— *Sorbaria sorbifolia*

NEKTAR

MÄR	APR	MAI	JUN	JUL	AUG	SEP
			2 2	2 2		

POLLEN

MÄR	APR	MAI	JUN	JUL	AUG	SEP
			2 2	2 2		

Herkunft Sibirien, Nord-China, Korea
Höhe 1–1,5 m
Wuchs Wenig verzweigter Strauch mit unpaarig gefiederten Blättern.
Vorkommen, Verwendung Stellenweise verwildert. Für Parks und Gärten, an Waldrändern und Feldgebüschen, als Unterwuchs hoher Bäume, Ausläufer treibendes Pioniergehölz für biologische Verbauung. Wächst in Sonne und Schatten, anspruchslos an Boden und Klima.

Blüten ❀ in kegeligen, aufrechten Rispen, klein, gelblich-weiß.
Pollenhöschenfarbe hellbraun
Anmerkung Unter weiteren Arten: Chinesische Fiederspiere *(Sorbaria kirilowii)*.

Fingerstrauch ♄
— Potentilla fruticosa

NEKTAR						
MÄR	APR	MAI	JUN	JUL	AUG	SEP
			2 2	2 2	2 2	2

POLLEN						
MÄR	APR	MAI	JUN	JUL	AUG	SEP
			2 2	2 2	2 2	2

Weitere Namen Strauch-Fingerkraut, Fünffingerstrauch
Herkunft Nördliche gemäßigte Zone
Höhe 0,5–1,5 m
Wuchs Strauch, dicht verzweigt mit gefiederten Blättern und lang-eiförmigen Blättchen.
Vorkommen, Verwendung Niedrige Hecken zur Flächen- und Böschungsbegrünung, als Einfassung, auch einzeln. Der anspruchslose Strauch wächst auf jedem kultivierten, ausreichend feuchten Boden in voller Sonne oder auch im Halbschatten. Ein Rückschnitt ist günstig.
Vermehrung durch Teilung oder Stecklinge
Blüten zwittrig einzeln oder zu mehreren an den Ender der beblätterten Zweige, in Sorten Dauerblüher oder zweimal blühend, goldgelb, orangerot oder weiß.
Pollenhöschenfarbe braun
Anmerkung Viele Sorten und weitere Arten.

Immergrüne Lorbeer-Kirsche ♄
— Prunus laurocerasus

NEKTAR						
MÄR	APR	MAI	JUN	JUL	AUG	SEP
		2 2	2 2			

POLLEN						
MÄR	APR	MAI	JUN	JUL	AUG	SEP
		2 2	2 2			

Weitere Namen Kirsch-Lorbeer
Herkunft Südosteuropa, Kleinasien
Höhe 1–6 m
Wuchs Strauch, aufrecht buschig. Blätter elliptisch, immergrün, lorbeerähnlich.
Vorkommen, Verwendung Für Einzelpflanzung oder Hecken, auch Kübel, schnittfest, mäßig frosthart, für nährstoffreiche, frische Böden in vor Wintersonne und Wind geschützter Lage.
Vermehrung sät sich selbst aus.

Blüten ✿ in langen, aufrechten Trauben, weiß.
Pollenhöschenfarbe gelblich
Anmerkung Mehrere Sorten.

Sauer-Kirsche

— Prunus cerasus

ħ

NEKTAR						
MÄR	APR	MAI	JUN	JUL	AUG	SEP
	4 4	4 4				

POLLEN						
MÄR	APR	MAI	JUN	JUL	AUG	SEP
	4 4	4 4				

Weitere Namen Weichsel
Herkunft Westasien
Höhe 3–6 m
Wuchs Form beeinflusst von Sorte, Schnitt und Unterlage. Blätter elliptisch, gesägt.
Vorkommen, Verwendung Obstbaum, anspruchslos, bevorzugt nährstoffreiche sandige Lehmböden. In Sorten veredelt.
Blüten ❀ vor dem Blattaustrieb, zu 2–4 in Dolden, weiß.
Pollenhöschenfarbe dunkelgelb

Anmerkung Unter weiteren Arten: Süß-Kirsche *(Prunus avium)*, Rote Sand-Kirsche *(Prunus* x *cistena)*.

Kirsch-Pflaume

— Prunus cerasifera

ħ ħ

NEKTAR						
MÄR	APR	MAI	JUN	JUL	AUG	SEP
	2 2	2				

POLLEN						
MÄR	APR	MAI	JUN	JUL	AUG	SEP
	3 3	3				

Weitere Namen Myrobalane
Herkunft Westasien, Kaukasus
Höhe 3–8 m
Wuchs Strauch oder kleiner Baum, aufrecht buschig. Blätter elliptisch, gesägt.
Vorkommen, Verwendung Anspruchslos an den Boden. Früchte essbar.
Blüten ❀ vor dem Blattaustrieb, meist einzeln, zahlreich entlang der Zweige, bei grünblättrigen Formen weiß, bei rotblättrigen rosa.

Pollenhöschenfarbe dunkelgelb
Anmerkung Schwarzrotblättrige Sorte: Blutpflaume (*Prunus cerasifera* 'Pissardii'). Hybride: Rote Sand-Kirsche *(Prunus* x *cistena)*.

Großes Mädesüß ♃
— *Filipendula ulmaria*

NEKTAR						
MÄR	APR	MAI	JUN	JUL	AUG	SEP
			0 0	0 0	0 0	

POLLEN						
MÄR	APR	MAI	JUN	JUL	AUG	SEP
			3 3	3 3	3 3	

Weitere Namen Echtes Mädesüß, Echte Rüsterstaude, Spierstaude, Wiesenkönigin
Herkunft Europa, Asien
Höhe 100–200 cm
Wuchs Staude mit aufrechtem, kaum verzweigtem Stängel und fiederteiligen Blättern mit gezähnten Blättchen.
Vorkommen, Verwendung Nasse Wiesen, Ufer- und Verlandungsbereich von Gewässern, nasse Auwälder. Zierpflanze für Teichränder auf feuchtem, humosem Lehmboden.

Blüten ❀ zahlreich in ästigen Trugdolden, weiß bis gelblich-weiß.
Pollenhöschenfarbe gelb
Anmerkung Mehrere Sorten. Weitere Arten: Kleines *(F. vulgaris)*, Rotes *(F. rubra)*, Japanisches *(F. purpurea)* und Kamtschatka-Mädesüß *(F. kamtschatica)*.

Mandelbäumchen
— Prunus triloba

♄

NEKTAR

MÄR	APR	MAI	JUN	JUL	AUG	SEP
	3 3	3 3				

POLLEN

MÄR	APR	MAI	JUN	JUL	AUG	SEP
	2 2	2 2				

Herkunft China
Höhe 2–3 m
Wuchs Strauch, dichtbuschig, auch auf Stämmchen veredelt, mit breit elliptischen, gesägten Blättern.
Vorkommen, Verwendung Für Gärten, anspruchslos, aber geschützter, sonniger Platz.
Blüten ❀ vor oder mit dem Blattaustrieb, dicht beieinander entlang der Zweige, rosettenartig gefüllt, rosa.
Pollenhöschenfarbe bräunlich gelb

Anmerkung Weitere Zierkirschen: Mahagoni-Kirsche *(Prunus serrula)*.

Kleiner Odermennig ♃
— *Agrimonia eupatoria*

NEKTAR						
MÄR	APR	MAI	JUN	JUL	AUG	SEP
				2 2	2 2	2 2

POLLEN						
MÄR	APR	MAI	JUN	JUL	AUG	SEP
				2 2	2 2	2 2

Herkunft Europa, Asien
Höhe 50–200 cm
Wuchs Staude mit aufrechtem, wenig verzweigtem Stängel, fiederteiligen Blättern und grob gezähnten Blättchen.
Vorkommen, Verwendung Trockengebüsche, Wald- und Wegränder, Trockenrasen; liebt nährstoffreiche, kalkhaltige Böden und sonnige Standorte.
Blüten ❀ zahlreich in langen Trauben, hellgelb.

Pollenhöschenfarbe gelb
Anmerkung Unter weiteren Rosengewächsen: Großer Wiesenknopf *(Sanguisorba officinalis)*.

Pfirsich
— *Prunus persica* var. *persica*

NEKTAR

MÄR	APR	MAI	JUN	JUL	AUG	SEP
	2 2	2				

POLLEN

MÄR	APR	MAI	JUN	JUL	AUG	SEP
	3 3	3				

Herkunft China (seit 4000 Jahren in Kultur)
Höhe 1–8 m
Wuchs Aufrecht und schnell wachsender Strauch oder Baum mit geraden Zweigen und lanzettlichen, 8–15 cm langen, am Rand fein gezähnten Blättern.
Vorkommen, Verwendung Steinobstgewächs, wärmeliebend, für Gärten, in Weinbaugebieten auch für Plantagen auf tiefgründigen, gut durchlüfteten, humus- und nährstoffhaltigen Böden an sonnigen Standorten.

Blüten meist einzeln, kurz gestielt oder sitzend, an einjährigen Trieben, 2,5–3,5 cm groß, zwittrig, rosa bis tiefrosa.
Pollenhöschenfarbe rötlich-gelb
Anmerkung In vielen Sorten. Unterart Nektarine *(Prunus persica* var. *nucipersica)* in vielen Sorten.

Ranunkelstrauch ♄

— Kerria japonica

NEKTAR						
MÄR	APR	MAI	JUN	JUL	AUG	SEP
		2 2	2 2			

POLLEN						
MÄR	APR	MAI	JUN	JUL	AUG	SEP
		2 2	2 2			

Weitere Namen Kerrie, Japanisches Goldröschen
Herkunft China, Japan
Höhe 1,5–2 m
Wuchs Wenig verzweigter Strauch, buschig aufrecht bis überhängend mit rutenartigen Zweigen und lang-eiförmig zugespitzten, doppelt gesägten Blättern. Ausläufer treibend.
Vorkommen, Verwendung Für Parks und Gärten, einzeln, als Gruppen oder in Hecken; auf kultiviertem Boden; Sonne und Halbschatten.
Blüten ❀ mit dem Blattaustrieb an Kurztrieben, meist einzeln entlang der Zweige, schalenförmig.
Pollenhöschenfarbe gelb
Anmerkung Einzige Art der Gattung. Kultursorte 'Pleniflora' mit gefüllten Blüten.

Hunds-Rose ♄
— Rosa canina

NEKTAR

MÄR	APR	MAI	JUN	JUL	AUG	SEP
			2 2	2 2		

POLLEN

MÄR	APR	MAI	JUN	JUL	AUG	SEP
			2 2	2 2		

Weitere Namen Hecken-Rose
Herkunft Europa
Höhe 1–3 m
Wuchs Strauch, breit buschig, mit überhängenden, stacheligen Zweigen und gefiederten Blättern. Blättchen breit-eiförmig.
Vorkommen, Verwendung An Wald- und Wegrändern. Häufig gepflanzt, für Parks und Stadtgrün. Bevorzugt tiefgründige, nährstoffreiche frische Böden.

Blüten meist einzeln in den Blattachseln, bei verschiedenen Formen weiß, rosa bis hin zu rot.
Pollenhöschenfarbe rötlich gelb
Anmerkung Viele weitere Arten von *Rosa* mit Wildcharakter.

Strauch-Rose

— *Rosa* in Sorten

♄

NEKTAR

MÄR	APR	MAI	JUN	JUL	AUG	SEP
		2	2 2	2 2	2 2	

POLLEN

MÄR	APR	MAI	JUN	JUL	AUG	SEP
		2	2 2	2 2	2 2	

Herkunft Europa, Asien, Nordamerika
Höhe 1,2–2 m
Wuchs Strauch, aufrecht buschig, mit stacheligen Zweigen und unpaarig gefiederten Blättern.
Vorkommen, Verwendung Für Gärten und Grünanlagen einzeln oder in Gruppen auf tiefgründigem, nährstoffreichem, frischem Boden und an sonnigem Standort. Unterschiedliche Wuchsformen und einmal blühende sowie mehrfach blühende Formen.

Blüten ❀ meist einzeln in den Blattachseln, bei verschiedenen Formen weiß, rosa oder rot.
Pollenhöschenfarbe bräunlich gelb
Anmerkung Weitere Rosen: zahlreiche Zuchtsorten von Beet-Rosen, Edel-Rosen, Kleinstrauch-Rosen, Strauch-Rosen, Kletter- und Zwerg-Rosen.

Japanische Scheinquitte ♄
— Chaenomeles japonica

NEKTAR

MÄR	APR	MAI	JUN	JUL	AUG	SEP
	2	2 2				

POLLEN

MÄR	APR	MAI	JUN	JUL	AUG	SEP
	3	3 3				

Weitere Namen Japanische Zierquitte
Herkunft Japan
Höhe 0,8–1,5 m
Wuchs Strauch, sparrig und breit mit teils niederliegenden Zweigen und eiförmigen, gekerbten Blättern.
Vorkommen, Verwendung Für Gehölzgruppen, niedrige Hecken oder zur flächigen Bepflanzung in Parks und Gärten auf frischen Böden in sonniger Lage. Die gelben Früchte sind (gekocht) essbar.

Blüten ❀ mit den Blättern erscheinend, in Büscheln zu 3–6, rot in diversen Tönungen.
Pollenhöschenfarbe gelbbraun
Anmerkung Weitere Scheinquitten: Chinesische Scheinquitte *(Chaenomeles speciosa)* und Hybridsorten aus den beiden Arten *(Chaenomeles* x *superba)*.

Japanischer Spierstrauch ♄
— *Spiraea japonica*

NEKTAR						
MÄR	APR	MAI	JUN	JUL	AUG	SEP
			2 2	2 2		

POLLEN						
MÄR	APR	MAI	JUN	JUL	AUG	SEP
			2 2	2 2		

Weitere Namen Rosa Zwerg-Spiere
Herkunft Japan
Höhe 0,3–2 m
Wuchs Strauch, meist buschig, gedrungen mit oval lanzettlichen, gesägten, erst gelb und rosa gescheckten, dann grünen Blättern.
Vorkommen, Verwendung Für Pflanzung in Gruppen und Hecken, als Bodendecker, für Staudenrabatten, in Parks auch flächig auf sandig-lehmigem, frischem Boden an sonnigem bis halbschattigem Standort.

Blüten ❀ in Doldenrispen, rosa oder weiß.
Pollenhöschenfarbe rotgelb
Anmerkung Mehrere Sorten. Unter weiteren Arten: Polster-Spierstrauch *(Spireaea decumbens)*, Billards Spierstrauch *(Spireaea* x *billardii)*.

Eingriffeliger Weißdorn ħ ħ
— *Crataegus monogyna*

NEKTAR						
MÄR	APR	MAI	JUN	JUL	AUG	SEP
		2 2	2 2			

POLLEN						
MÄR	APR	MAI	JUN	JUL	AUG	SEP
		2 2	2 2			

Herkunft Europa, Asien
Höhe 2–6 m
Wuchs Strauch oder kleiner Baum, dornig, mit aufrechtem, sparrigem Wuchs und tief geteilten Blättern.
Vorkommen, Verwendung Waldränder und Gebüsche. Für feldschützende oder Gartenhecken, auch zur Straßenbepflanzung; nährstoff- und kalkreiche, anlehmige frische Böden. Winterhart und schnittverträglich Zwischenwirt des Feuerbrandes.

Blüten ✿ weiß, an Kurztrieben in aufrechten, doldenartigen Rispen.
Pollenhöschenfarbe braungelb
Anmerkung Unter weiteren Arten: Zweigriffeliger Weißdorn *(Crataegus laevigata)*, Orientalischer Weißdorn *(Crataegus laciniata)*.

Fächer-Zwergmispel
— Cotoneaster horizontalis

NEKTAR

MÄR	APR	MAI	JUN	JUL	AUG	SEP
		4	4 4			

POLLEN

MÄR	APR	MAI	JUN	JUL	AUG	SEP
		3	3 3			

Herkunft China
Höhe 0,7–1,5 m
Wuchs Strauch, flach, vor Mauern auch aufrecht, mit fischgrätenartig verzweigten Trieben und rundlichen, oberseits glänzenden Blättern.
Vorkommen, Verwendung Als Bodendecker, für Steingärten und Felsgruppen auf nährstoff- und kalkreichem, anlehmigem, frischem Boden. Verträgt Trockenheit und Hitze.

Blüten in den Blattachseln zu 1–3, weiß, rötlich überlaufen.
Pollenhöschenfarbe grau
Anmerkung Unter weiteren Arten: Teppich-Zwergmispel *(Cotoneaster dammeri)*, Gewöhnliche Zwergmispel *(Cotoneaster integerrimus)*, Nanshan-Zwergmispel *(Cotoneaster praecox)*.

Aufrechter Sauerklee
— *Oxalis stricta*

⊙ ♃

NEKTAR						
MÄR	APR	MAI	JUN	JUL	AUG	SEP
				2 2	2 2	2 2

POLLEN						
MÄR	APR	MAI	JUN	JUL	AUG	SEP
				2 2	2 2	2 2

Weitere Namen Steifer Sauerklee, Gelber Sauerklee, Europäischer Sauerklee
Herkunft Nordamerika, in Europa verwildert
Höhe 15–40 cm
Wuchs Einjährig oder mit Ausläuferteilen überwinternd; aufrechter Stängel, kleeartig dreiteilige Blätter, herzförmige Blättchen.
Vorkommen, Verwendung Gärten, Hackfruchtkulturen, Wege, Schuttplätze, Friedhöfe. Liebt humose, kalkarme, frische sandige Lehmböden und warme Standorte.

Blüten ✿ meist zu 2–6 in lockeren, scheindoldig-traubigen Blütenständen, gelb.
Pollenhöschenfarbe braun
Anmerkung Unter weiteren Arten: Anden-Sauerklee (*Oxalis adenophylla*).

Frühlings-Krokus ♃
— *Crocus vernus* ssp. *vernus*

NEKTAR

MÄR	APR	MAI	JUN	JUL	AUG	SEP
2 2	2 2					

POLLEN

MÄR	APR	MAI	JUN	JUL	AUG	SEP
2 2	2 2					

Weitere Namen Violetter Krokus, Violetter Safran, Holländischer Krokus
Herkunft Europa, gemäßigtes Asien, Nordafrika
Höhe 8–20 cm
Wuchs Ausdauernde Zwiebelpflanze, lanzettliche Blätter.
Vorkommen, Verwendung Verwildert auf Bergwiesen. Für Steingärten und Rasenflächen auf humosem, sandig-lehmigem, frischem bis feuchtem Boden an sonnigem Standort. Rasenmahd erst nach Vergilben der Blätter.
Vermehrung durch Auspflanzen der Brutknollen oder Aussaat.
Blüten ✳ vor Erscheinen der Blätter, becherförmig, violett. Narben überragen Spitzen der Staubbeutel.
Pollenhöschenfarbe braungelb
Anmerkung Viele Sorten. Unter weiteren Arten: Kleiner Krokus *(Crocus chrysanthus)* in vielen Sorten.

Weißer Krokus ♃

— *Crocus vernus* ssp. *albiflorus*

NEKTAR						
MÄR	APR	MAI	JUN	JUL	AUG	SEP
2 2	2 2					

POLLEN						
MÄR	APR	MAI	JUN	JUL	AUG	SEP
2 2	2 2					

Weitere Namen Weißer Safran, Alpen-Krokus
Herkunft Europa, gemäßigtes Asien, Nordafrika
Höhe 8–20 cm
Wuchs Ausdauernd, lanzettliche Blätter.
Vorkommen, Verwendung Auf feuchten, kalkreichen Bergwiesen. Für Rasenflächen auf humosem, sandig-lehmigem, frischem bis feuchtem Boden an sonnigem Standort. Rasenmahd erst nach Vergilben der Blätter.

Vermehrung durch Auspflanzen der Brutknollen oder Aussaat.
Blüten ✳ einzeln oder zu zweit vor Erscheinen der Blätter, becherförmig, meist weiß, teils violett oder gestreift. Narben kürzer als die Staubblätter.
Pollenhöschenfarbe braungelb
Anmerkung Unter weiteren Arten: Gelber Krokus *(Crocus flavus)* und weitere Frühjahrs- sowie auch Herbstblüher.

Gewöhnlicher Seidelbast ♄
— *Daphne mezereum*

NEKTAR						
MÄR	APR	MAI	JUN	JUL	AUG	SEP
2 2	2					

POLLEN						
MÄR	APR	MAI	JUN	JUL	AUG	SEP
2 2	2					

Weitere Namen Kellerhals
Herkunft Europa, Asien
Höhe 1–1,5 m
Wuchs Strauch, locker aufrecht, wenig verzweigt, mit lanzettlichen Blättern.
Vorkommen, Verwendung Lichte Laub- und Laubmischwälder. Ziergehölz für Staudenanlagen und niedrige Gehölzgruppen, bevorzugt nährstoff- und kalkreiche, frische Böden an geschützten, halbschattigen Plätzen. Wenig schnittverträglich.

Blüten ✿ vor dem Blattaustrieb zu 2–3 in Dolden entlang der Triebe, rosarot.
Pollenhöschenfarbe weißgelb
Anmerkung Mehrere Sorten. Unter weiteren Arten: Burkwoods Seidelbast *(Daphne burkwoodii)* in Sorten.

Berg-Ahorn
— *Acer pseudoplatanus*

ħ H

NEKTAR						
MÄR	APR	MAI	JUN	JUL	AUG	SEP
		4 4				

POLLEN						
MÄR	APR	MAI	JUN	JUL	AUG	SEP
		2 2				

Herkunft Europa, Kaukasus
Höhe 25–30 m
Wuchs Baum mit breit gewölbter Krone und handförmig gelappten Blättern.
Vorkommen, Verwendung Laubmisch- und Auwälder. Park- und Straßenbaum. Bevorzugt frische, nährstoffreiche Böden und offene Lage, verträgt Halbschatten. Blühreife mit 20–25 Jahren.

Blüten ❀ nach Blattaustrieb in hängenden Rispen mit zahlreichen Blüten, teils getrenntgeschlechtlich, einhäusig, gelbgrün.
Pollenhöschenfarbe grünlich gelb
Anmerkung Unter weiteren Arten: Feld-Ahorn *(Acer campestre)*, Silber-Ahorn *(Acer saccharinum)*.

Eschen-Ahorn ♄ H
— *Acer negundo*

NEKTAR

MÄR	APR	MAI	JUN	JUL	AUG	SEP
	0 0	0				

POLLEN

MÄR	APR	MAI	JUN	JUL	AUG	SEP
	2 2	2				

Herkunft Nord- und Mittelamerika
Höhe 10–20 m
Wuchs Baum mit breit ausladender Krone, oft mehrstämmig, mit gefiederten Blättern und gesägten Blättchen.
Vorkommen, Verwendung Laub-Mischwälder, Ufer und Auwälder. Zierformen auch als Parkbaum. Anspruchslos, für trockenen wie feuchten Boden, Sonne wie Halbschatten.
Blüten vor dem Blattaustrieb, zweihäusig, männliche Blüten als hängende Büschel mit erst roten, dann gelblichen Staubbeuteln (Foto), weibliche Blüten in Trauben (Illustration).
Pollenhöschenfarbe blassgelb
Anmerkung Unter weiteren Arten: Rot-Ahorn *(Acer rubrum)*.

Spitz-Ahorn

— *Acer platanoides*

♄ H

NEKTAR						
MÄR	APR	MAI	JUN	JUL	AUG	SEP
	3 3	3 3				

POLLEN						
MÄR	APR	MAI	JUN	JUL	AUG	SEP
	2 2	2 2				

Herkunft Europa, Kaukasus
Höhe 15–30 m
Wuchs Baum mit dichter, runder Krone, handförmig gezähnt-gelappte Blätter.
Vorkommen, Verwendung Laubmisch-, Auenwälder. Feldgehölz, Allee- und Straßenbaum. Anspruchslos, für Großstadtstraßen geeignet, verträgt trockene und leichte Böden. Sorte 'Globosum' bildet dicht verzweigte, kugelige Krone, Niststätte für Vögel. Blühreife mit 15–20 Jahren.

Blüten ❀ vor oder mit Erscheinen der Blätter in Doldentrauben, meist zwittrig, grüngelb.
Pollenhöschenfarbe gelbgrün
Anmerkung Viele Sorten. Unter weiteren Arten: Zucker-Ahorn (*Acer saccharum*) und zahlreiche Arten, vor allem aus Ostasien.

Gewöhnliche Rosskastanie
— Aesculus hippocastanum

NEKTAR

MÄR	APR	MAI	JUN	JUL	AUG	SEP
	3	3 3	3			

POLLEN

MÄR	APR	MAI	JUN	JUL	AUG	SEP
	3	3 3	3			

Weitere Namen Weiße Rosskastanie
Herkunft Südosteuropa
Höhe 20–30 m
Wuchs Baum mit rundlich ausladender Krone und gefingerten Blättern mit verkehrt-eiförmigen Teilblättern.
Vorkommen, Verwendung Kühle Mischwälder; Park- und schattenspendender Dorfbaum. Als Alleebaum wegen des Fruchtfalls für wenig befahrene Straßen. Bevorzugt nährstoffreiche, frische Böden.

Blüten nach Blattaustrieb, in langen, aufrechten Rispen, weiß mit gelbem, später rotem Saftmal, männlich, weiblich und zwittrig.
Pollenhöschenfarbe ziegelrot
Anmerkung Unter weiteren Arten: Rote Rosskastanie *(Aesculus x carnea)*, Gelbe Rosskastanie *(Aesculus flava)*.

Rispiger Blasenbaum
— Koelreuteria paniculata

ħ ħ

NEKTAR

MÄR	APR	MAI	JUN	JUL	AUG	SEP
				3 3	3 3	

POLLEN

MÄR	APR	MAI	JUN	JUL	AUG	SEP
				1 1	1 1	

Weitere Namen Blasenesche
Herkunft China, Korea, Japan
Höhe 5–10 m
Wuchs Kurzstämmiger Baum oder großer Strauch mit schlanker, rundlicher Krone, wechselständigen, bis zu 35 cm langen, unpaarig gefiederten Blättern und 7–15 länglich ovalen, tief gesägten bis fiederspaltigen Blättchen.
Vorkommen, Verwendung Trockenheitsverträgliches Ziergehölz für Gärten und Parks auf durchlässigen, kalkhaltigen, kiesigen Böden an geschützten, sonnigen Standorten.
Blüten ❀ 1 cm groß, zwittrig, zahlreich in aufrechten, bis zu 15 cm langen, pyramidenförmigen, lockeren, rispigen Blütenständen, gelb.
Pollenhöschenfarbe braun
Anmerkung Mehrere Zuchtformen; 2 weitere ostasiatische Arten *(Koelreuteria bipinnata* und *Koelreuteria elegans).*

Zweiblättriger Blaustern ♃
— Scilla bifolia

NEKTAR						
MÄR	APR	MAI	JUN	JUL	AUG	SEP
2 2	2 2					

POLLEN						
MÄR	APR	MAI	JUN	JUL	AUG	SEP
3 3	3 3					

Weitere Namen Sternhyazinthe, Meerzwiebel
Herkunft Südosteuropa, östlicher Mittelmeerraum
Höhe 10–20 cm
Wuchs Ausdauerndes, frostharte Zwiebelgewächs mit dünnem Stängel und meist 2 tief ansitzenden, lanzettlichen Blättern.
Vorkommen, Verwendung Wild in lichten Au-, Laubmisch- und Buchenwäldern oder am Waldrand auf feuchten Wiesen. Zierpflanze für Steingärten oder unter lichtem Gehölz und an Hecken auf frischen, nährstoffreichen, sandig-lehmigen Böden in halbschattiger bis sonniger Lage.
Vermehrung Pflanzen der Zwiebeln im Herbst. Vermehren sich auch selbst.
Blüten ✳ meist zu 2–5 an langen Blütenstielen in lockeren Trauben, sternförmig, 1,5–2 cm groß, himmelblau, seltener rosa oder weiß.
Pollenhöschenfarbe blau

Funkie

♃

— *Hosta*-Hybride 'Honeybells'

NEKTAR						
MÄR	APR	MAI	JUN	JUL	AUG	SEP
				2 2	2 2	

POLLEN						
MÄR	APR	MAI	JUN	JUL	AUG	SEP
				2 2	2 2	

Herkunft Japan, China, Korea
Höhe 30–100 cm
Wuchs Winterharte Staude mit horstbildenden Büscheln großer, ovaler, stark geäderter Blätter.
Vorkommen, Verwendung Bodendecker für Beet-, Stauden- und Sumpfpflanzungen, vor oder unter Gehölzgruppen, an Teichufern auf nährstoffreichem, feuchtem, durchlässigem Boden an halbschattigem bis schattigem Standort.

Vermehrung durch Teilen.
Blüten ❀ am Ende aufrechter Stängel, nickende, trichterförmige Glocken, weiß, bei anderen Sorten rosa, violett bis blau.
Pollenhöschenfarbe orange
Anmerkung Zahlreiche Arten und Sorten.

Orientalische Hyazinthe ♃
— Hyacinthus orientalis

NEKTAR						
MÄR	APR	MAI	JUN	JUL	AUG	SEP
	2	2 2				

POLLEN						
MÄR	APR	MAI	JUN	JUL	AUG	SEP
	2	2 2				

Weitere Namen Blaue Hyazinthe, Garten-Hyazinthe
Herkunft Östliches Mittelmeergebiet
Höhe 20–30 cm
Wuchs Zwiebelpflanze, ausdauernd, aufrecht, mit riemenförmigen Blättern.
Vorkommen, Verwendung An warmen Standorten verwildert. Bunte Rabatten in Gruppen, sandig-lehmige, frische Böden, geringer Nährstoffgehalt, sonnige Standorte. Winterschutz (Abdecken).

Vermehrung Pflanzen der Zwiebeln im Herbst.
Blüten ✳ in dichten Trauben, blau, rosa, violett, gelb oder weiß.
Pollenhöschenfarbe blassgelb
Anmerkung Mehrere Sorten in verschiedenen Farben. Verwandt: Kleine Traubenhyazinthe *(Muscari botryoides)*.

Doldentraubiger Milchstern ♃
— *Ornithogalum umbellatum*

NEKTAR

MÄR	APR	MAI	JUN	JUL	AUG	SEP
	2	2 2				

POLLEN

MÄR	APR	MAI	JUN	JUL	AUG	SEP
	2	2 2				

Weitere Namen Dolden-Milchstern, Vogelmilch, Stern von Bethlehem
Herkunft Westliches Mittelmeergebiet
Höhe 10–30 cm
Wuchs Zwiebelpflanze, ausdauernd, horstbildend, mit längsstreifigen Blättern.
Vorkommen, Verwendung Beete, Steingarten, Wiese sowie unter spät austreibenden Gehölzen, sandig-lehmige, frische, kalkhaltige Böden, sonnige Standorte. Winterschutz durch Abdecken.

Vermehrung Pflanzen der Zwiebeln im Herbst.
Blüten in doldigen Trauben, weiß, Blütenblätter außenseitig mit grünem Streifen.
Pollenhöschenfarbe gelblich
Anmerkung Weitere, weniger winterharte Arten. Verwandt: Zweiblättriger Blaustern *(Scilla bifolia)*.

Kleine Traubenhyazinthe ♃
— *Muscari botryoides*

NEKTAR						
MÄR	APR	MAI	JUN	JUL	AUG	SEP
2	2 2	2 2				

POLLEN						
MÄR	APR	MAI	JUN	JUL	AUG	SEP
3	3 3	3 3				

Weitere Namen Träubel, Perlhyazinthe
Herkunft Südosteuropa, Westasien, Nordafrika
Höhe 10–20 cm
Wuchs Ausdauernde, krautige, horstbildende Zwiebelpflanze mit 2–7 grundständigen, parallelnervigen, fleischigen Blättern
Vorkommen, Verwendung Verwildert in Weinbergen, Obstgärten und auf Wiesen an wärmeren Standorten. Zierpflanze in Gruppen am Rand von Rabatten oder in Steingärten auf durchlässigen, mäßig trockenen bis frischen Böden mit mittlerem Nährstoffgehalt an sonnigen bis halbschattigen Standorten.
Vermehrung Pflanzen der Zwiebeln im Spätsommer bis Herbst. Breitet sich auch selbst aus.
Blüten ✳ zahlreich in einer endständigen Traube. Die 6 Hüllblätter sind zu einer Röhre verwachsen. Die oberen Blüten sind kleiner und steril. Blau bis weiß.
Pollenhöschenfarbe gelblich

Gemüse-Spargel ♃
— *Asparagus officinalis*

NEKTAR

MÄR	APR	MAI	JUN	JUL	AUG	SEP
			3	3 3	3 3	3

POLLEN

MÄR	APR	MAI	JUN	JUL	AUG	SEP
			3	3 3	3 3	3

Herkunft Mittelmeerraum, Westasien
Höhe 50–150 cm
Wuchs Ausdauernd, aufrechter, gebogener Stängel und nadelförmige Ästchen mit Blattfunktion.
Vorkommen, Verwendung Gemüse- und Zierpflanze für nährstoffreiche, humose, lehmige, gut erwärmbare Sandböden. Auch verwildert.
Vermehrung durch Setzlinge oder Aussaat.

Blüten ✳ in den Achseln der Scheinblätter, zweihäusig, weiß. Blütezeit in Abhängigkeit von der Ernte.
Pollenhöschenfarbe rotgelb
Anmerkung Weitere Arten als Zierpflanzen für frostfreies Klima.

Kissen-Flammenblume ♃

— *Phlox subulata*

NEKTAR						
MÄR	APR	MAI	JUN	JUL	AUG	SEP
	2 2	2 2	2			

POLLEN						
MÄR	APR	MAI	JUN	JUL	AUG	SEP
	2 2	2 2	2			

Weitere Namen Polster-Phlox, Moos-Phlox
Herkunft Nordamerika
Höhe 5–20 cm
Wuchs Staude, bildet teppichartige Polster von sparrig-spreizenden, pfriemlichen, immergrünen Blättern.
Vorkommen, Verwendung Für Steingärten und Mauern, zwischen höheren Stauden oder Sträuchern, auf sandig-humosem, nährstoffreichem, frischem Boden und sonnigem bis halbschattigem Standort.

Vermehrung durch Teilung
Blüten ❀ endständig in traubigen Rispen, blassblau, rosa, rot, violett oder weiß.
Pollenhöschenfarbe orange
Anmerkung Viele Sorten. Unter weiteren Arten: Stauden-Flammenblume *(Phlox paniculata)*, Wiesen-Flammenblume *(Phlox maculata)*, Einjahrs-Flammenblume *(Phlox drummondi)*, jeweils in vielen Sorten.

Blaue Himmelsleiter ♃
— *Polemonium caeruleum*

NEKTAR

MÄR	APR	MAI	JUN	JUL	AUG	SEP
			3 3	3 3		

POLLEN

MÄR	APR	MAI	JUN	JUL	AUG	SEP
			3 3	3 3		

Weitere Namen Jakobsleiter, Sperrkraut
Herkunft Kühl-gemäßigte Regionen Europas
Höhe 50–90 cm
Wuchs Staude, horstbildend, mit aufrechtem, im Blütenbereich verzweigtem Stängel, gefiederten Blättern und lanzettlichen Blättchen.
Vorkommen, Verwendung Lichte Wälder; Gebüsche. Zierpflanze für gemischte Rabatten, Weg- und Gehölzränder. Durchlässige, sandig-lehmige, feuchte Böden; Sonne und Halbschatten.

Vermehrung durch Aussaat oder Teilen.
Blüten in traubigen Rispen am Ende des Stängels, leuchtend blau.
Pollenhöschenfarbe gelborange
Anmerkung In Sorten. Unter weiteren Arten: Horstbildende Himmelsleiter *(Polemonium reptans)* in Sorten.

Spinnenblume

— *Tarenaya hassleriana*

⊙

NEKTAR						
MÄR	APR	MAI	JUN	JUL	AUG	SEP
				3	3 3	3 3

POLLEN						
MÄR	APR	MAI	JUN	JUL	AUG	SEP
				1	1 1	1 1

Weitere Namen Spinnenpflanze
Herkunft Tropisches Amerika
Höhe 90–150 cm
Wuchs Einjährig, buschig wachsend mit behaarten, leicht bedornten Zweigen und gefingerten Blättern.
Vorkommen, Verwendung Einzeln oder in Gruppen für gemischte Rabatten auf durchlässigen, sandig-humosen, kalkhaltigen, frischen Böden an sonnigem, geschütztem Standort.

Vermehrung Aussaat im März geschützt im Haus. Auspflanzen in kleinen Gruppen im Mai.
Blüten ✿ am Ende der Zweige in filigranen Ständen mit spinnenartigen Blüten, deren Blütenblätter sich nach unten zu Stielen verjüngen, rot, rosa, violett und weiß.
Pollenhöschenfarbe gelblich
Anmerkung Mehrere Sorten. Ähnliche Art: Spinnenblume *(Cleome spinosa)*.

Blut-Johannisbeere ♄
— *Ribes sanguineum*

NEKTAR						
MÄR	APR	MAI	JUN	JUL	AUG	SEP
	2 2	2				

POLLEN						
MÄR	APR	MAI	JUN	JUL	AUG	SEP
	2 2	2				

Herkunft Nordamerika
Höhe 1,5–2,5 m
Wuchs Strauch, aufrecht, dicht verzweigt, mit 3–5-lappigen Blättern.
Vorkommen, Verwendung Ziergehölz für Gärten und Grünanlagen in Gruppen, auch mit anderen Gehölzen, auf nicht zu trockenen Böden in sonniger Lage. Verträgt Stadtklima.
Blüten ✿ zahlreich in hängenden Trauben. röhrenförmig, rosa bis rot.
Pollenhöschenfarbe blassgelb

Anmerkung Mehrere Sorten. Unter weiteren Arten: Alpen-Johannisbeere *(Ribes alpinum)*, Gold-Johannisbeere *(Ribes aureum)*. In vielen Sorten: Rote Johannisbeere *(Ribes rubrum*, Illustration*)*, Schwarze Johannisbeere *(Ribes nigrum)*.

Gewöhnliche Stachelbeere ♄
— *Ribes uva-crispa*

NEKTAR

MÄR	APR	MAI	JUN	JUL	AUG	SEP
3	3 3					

POLLEN

MÄR	APR	MAI	JUN	JUL	AUG	SEP
1	1 1					

Weitere Namen Stickelbeere
Herkunft gemäßigte Zonen Europas und Asiens
Höhe 0,5–1,5 m
Wuchs Strauch, buschig, dicht verzweigt, mit 3–5-lappigen Blättern.
Vorkommen, Verwendung Laubwälder, Gebüsche, Felsspalten, Waldränder. Obstgehölz für nährstoffreichen, etwas kalkhaltigen, frischen, sandigen Lehmboden und sonnigen Standort.

Blüten ❀ zu 1–3 in den Blattachseln, glockig, Blütenblätter grüngelb, Kelchblätter braunrot oder grün, rötlich überlaufen.
Pollenhöschenfarbe graugelb
Anmerkung In Sorten: Kultur-Stachelbeere *(Ribes uva-crispa* var. *sativum)*, Jochelbeere *(Ribes* x *nidigrolaria)*.

China-Astilbe ♃

— *Astilbe chinensis*

NEKTAR

MÄR	APR	MAI	JUN	JUL	AUG	SEP
				3 3	3 3	3

POLLEN

MÄR	APR	MAI	JUN	JUL	AUG	SEP
				3 3	3 3	3

Weitere Namen Prachtspiere
Herkunft Ostasien, Ostsibirien
Höhe 25–120 cm
Wuchs Staude, horstbildend, aufrechter Stängel und grundständige, gefiederte Blätter mit gezähnten Blättchen.
Vorkommen, Verwendung In Gruppen für bunte Beete, vor Gehölzen und als Bodendecker auf sandigem bis lehmigem, frischem Boden mit mittlerem Nährstoffgehalt an halbschattigem Standort.

Blüten ❀ in dichten, flockigen Ähren, klein, rosa bis violett.
Pollenhöschenfarbe grauweiß
Anmerkung Unter weiteren Arten: Garten-Astilbe *(Astilbe* x *arendsii)* in vielen Sorten.

Pracht-Storchschnabel ♃

— *Geranium* x *magnificum*

NEKTAR

MÄR	APR	MAI	JUN	JUL	AUG	SEP
			2 2	2 2		

POLLEN

MÄR	APR	MAI	JUN	JUL	AUG	SEP
			2 2	2 2		

Herkunft Kaukasus; Kreuzung aus *Geranium ibericum* und *Geranium platypetalum*
Höhe 40–60 cm
Wuchs Ausdauernd, horstbildend, aufrecht buschig, mit handförmig fiederteiligen Blättern.
Vorkommen, Verwendung Zierpflanze für naturnahe Beete, Staudenrabatten, vor Gehölzen in Gruppen auf humosem, mäßig nährstoffhaltigem, frischem Boden in sonniger bis halbschattiger Lage.

Vermehrung durch Teilung
Blüten ❀ in einem scheindoldigen Gesamtblütenstand, schalenförmig, violett bis blau mit dunkleren Adern.
Pollenhöschenfarbe blau
Anmerkung In vielen Sorten; weitere Arten als Zier- und Wildpflanzen.

Essigbaum
— Rhus typhina

NEKTAR

MÄR	APR	MAI	JUN	JUL	AUG	SEP
			3 3	3 3		

POLLEN

MÄR	APR	MAI	JUN	JUL	AUG	SEP
			3 3	3 3		

Weitere Namen Hirschkolben-Sumach, Kolben-Sumach
Herkunft Nordamerika
Höhe 3–8 m
Wuchs Baum oder Strauch, oft mehrstämmig, mit lockerer Krone, behaarten Trieben und großen gefiederten Blättern, Blättchen lang zugespitzt. Ausläufer treibend.
Vorkommen, Verwendung Für Einzelstellung in Parks, zur Bepflanzung von Waldrändern, als Windschutzpflanzung; durchlässige, auch trockene Böden; sonnige Standorte.
Blüten zweihäusig; lange, pyramidenförmige, endständige Rispen; rötlich-grünlich.
Pollenhöschenfarbe gelblich
Anmerkung Unter weiteren Arten: Scharlach-Sumach *(Rhus glabra)*.

Gewöhnlicher Trompetenbaum ♄
— Catalpa bignonioides

NEKTAR						
MÄR	APR	MAI	JUN	JUL	AUG	SEP
			3	3 3		

POLLEN						
MÄR	APR	MAI	JUN	JUL	AUG	SEP
			2	2 2		

Herkunft Nordamerika
Höhe 5–15 m
Wuchs Baum mit kurzem Stamm, breiter, gewölbter Krone und großen, herzförmigen Blättern.
Vorkommen, Verwendung Für Einzelstellung in Parks und großen Gärten, mittlere, nicht zu trockene Böden und sonnige, windgeschützte Standorte. Anspruchslos, verträgt Stadtklima. Ein regelmäßiger Rückschnitt ist möglich.

Blüten in großen Rispen, trompetenförmig, weiß mit gelb gestreiftem und purpur getupftem Schlund.
Pollenhöschenfarbe gelblich
Anmerkung In Sorten. Unter weiteren Arten: Hybrid-Trompetenbaum *(Catalpa erubescens)*, Prächtiger Trompetenbaum *(Catalpa speciosa)*.

Rainfarnblättriges Büschelschön

— *Phacelia tanacetifolia*

NEKTAR

MÄR	APR	MAI	JUN	JUL	AUG	SEP
			4 4	4 4	4 4	4 4

POLLEN

MÄR	APR	MAI	JUN	JUL	AUG	SEP
			3 3	3 3	3 3	3 3

Weitere Namen Büschelkraut, Phacelia
Herkunft Kalifornien, Mexiko
Höhe 50–100 cm
Wuchs Einjährig, mit gefiederten Blättern und fiederschnittigen Blättchen.
Vorkommen, Verwendung Futter-, Gründüngungs- und Zierpflanze. Frische, lehmige Sandböden, Sonne.
Vermehrung Tagneutral, daher Aussaat jederzeit bis Ende August, als Zwischenfrucht ab Mitte Juli, auch in Gemischen.

Blüten ❀ am Ende der Stängel in einseitswendigen, ährigen Wickeln, blau bis violett, blüht 4–6 Wochen.
Pollenhöschenfarbe dunkelgraublau
Anmerkung Unter weiteren Arten: Glockenblumen-Büschelschön *(P. campanularia)*, Großblütiges Büschelschön *(P. grandiflora)*.

Virginischer Kandelaber-Ehrenpreis ♃
— *Veronicastrum virginicum*

NEKTAR						
MÄR	APR	MAI	JUN	JUL	AUG	SEP
			3 3	3 3	3 3	3 3

POLLEN						
MÄR	APR	MAI	JUN	JUL	AUG	SEP
			2 2	2 2	2 2	2 2

Herkunft Östliches Nordamerika
Höhe 80–200 cm
Wuchs Horstbildende Staude mit aufrechtem Stängel und um den Stängel quirlförmig angeordneten, lanzettlichen, gesägten Blättern
Vorkommen, Verwendung Zierpflanze, sehr frosthart, vielseitig verwendbar, für Rabatten und Steingärten, als Hintergrund oder vor Gehölzen, auch am Gewässerrand, auf durchlässigen, frischen bis feuchten, neutralen, nährstoffhaltigen Böden in sonniger bis halbschattiger Lage.
Blüten ✿ in langen, ährigen, kandelaberartig verzweigten Rispen, in Sorten hellblau, lavendelblau, pink, purpurviolett und weiß.
Pollenhöschenfarbe blassgelb
Anmerkung Viele Sorten. Unter weiteren Arten: Sibirischer Ehrenpreis *(Veronica sibiricum)*, Ähriger Ehrenpreis *(Veronica spicata* syn. *Pseudolysimachion spicatum)*.

Persischer Ehrenpreis
— *Veronica persica*

NEKTAR						
MÄR	APR	MAI	JUN	JUL	AUG	SEP
	2	2 2	2 2	2 2	2 2	2 2

POLLEN						
MÄR	APR	MAI	JUN	JUL	AUG	SEP
	2	2 2	2 2	2 2	2 2	2 2

Herkunft Kleinasien
Höhe 10–40 cm
Wuchs Ein- bis zweijährige, eingebürgerte Wildpflanze mit aufsteigendem Stängel und herz-eiförmigen, gekerbten Blättern.
Vorkommen, Verwendung Gräben und Wegränder, Gebüsche und Gärten, auf nährstoffreichen Böden.
Blüten einzeln in den Achseln der mittleren und oberen Blätter, himmelblau mit dunkelblauer Äderung.

Pollenhöschenfarbe blassgelb
Anmerkung Unter weiteren Arten als Zierpflanze: Ähriger Ehrenpreis *(Veronica spicata)*. Andere Braunwurzgewächse: Roter Fingerhut *(Digitalis purpurea)*, Große Königskerze *(Verbascum densiflorum)*, Großer Klappertopf *(Rhinanthus serotinus)*.

Sal-Weide

— *Salix caprea*

ħ ħ

NEKTAR						
MÄR	APR	MAI	JUN	JUL	AUG	SEP
4	4 4					

POLLEN						
MÄR	APR	MAI	JUN	JUL	AUG	SEP
4	4 4					

Weitere Namen Palm-Weide
Herkunft Europa, Asien
Höhe 7–10 m
Wuchs Strauch oder Baum mit steifen Trieben und elliptischen Blättern.
Vorkommen, Verwendung Waldränder, Kahlschläge, Steinbrüche. Besonders männliche Pflanzen für Gärten und Parks einzeln, in Gruppen oder als Hecke, in der Landschaft für Schutzstreifen. Frische, lehmige Böden und Sonne bis Halbschatten.

Blüten ❁ vor Blattaustrieb in eiförmigen Kätzchen, zweihäusig, männlich gelb, weiblich grünlich.
Pollenhöschenfarbe gelb
Anmerkung Unter weiteren Arten: Grau-Weide *(S. cinerea)*, Spitzblättrige Weide *(S. acutifolia)*, Korb-Weide *(S. viminalis)*, Kübler-Weide *(S. x smithiana)*, Ohr-Weide *(S. aurita)*, Persische Weide *(S. aegyptiaca)*, Purpur-Weide *(S. purpurea)*, Reif-Weide *(S. daphnoides)*.

Silber-Weide ♄ ♄ H
— *Salix alba*

NEKTAR						
MÄR	APR	MAI	JUN	JUL	AUG	SEP
	3 3	3 3				

POLLEN						
MÄR	APR	MAI	JUN	JUL	AUG	SEP
	3 3	3 3				

Herkunft Europa
Höhe 8–20 m
Wuchs Baum oder Strauch mit oft schiefem Stamm, rundlicher Krone und lanzettlichen Blättern.
Vorkommen, Verwendung Ufergebüsche, Auwälder. Zur Uferbefestigung, auch als Parkbaum, für kalkhaltige Böden.
Blüten ❀ mit Blattaustrieb, zweihäusig. Männliche Blüten in langen gelblichen, weibliche in grünlichen Kätzchen.

Pollenhöschenfarbe gelb
Anmerkung Unter weiteren Arten: Goldene Trauer-Weide *(Salix x chrysocoma)*, Trauer-Weide *(Salix babylonica)*, Bruch-Weide *(Salix fragilis)*.

Blut-Weiderich ♃
— *Lythrum salicaria*

NEKTAR						
MÄR	APR	MAI	JUN	JUL	AUG	SEP
			3	3 3	3 3	3

POLLEN						
MÄR	APR	MAI	JUN	JUL	AUG	SEP
			2	2 2	2 2	2

Weitere Namen Ähren-Weiderich
Herkunft Europa, Westasien, Nordafrika
Höhe 50–200 cm
Wuchs Ausdauernd, mit aufrechtem Stängel und lanzettlichen, am Grunde abgerundeten Blättern.
Vorkommen, Verwendung Ufer, Gräben, Sumpfwiesen. Zier- und alte Heilpflanze für Teichränder und den Hintergrund von Rabatten in Gruppen auf humosem, feuchtem Boden mit mittlerem Nährstoffgehalt.

Vermehrung durch Teilen oder Aussaat, auch Selbstaussaat.
Blüten ✳ Blattachsel- und endständig in ährigen Scheinquirlen, purpurviolett, rosa oder rot. Blüte erzeugt Pollen in zweierlei Farben.
Pollenhöschenfarbe grün und gelb
Anmerkung Mehrere Sorten. Unter weiteren Arten: Ruten-Weiderich *(Lythrum virgatum)*, Ysopblättriger Weiderich *(Lythrum hyssopifolia)*.

Gewöhnliche Jungfernrebe
— Parthenocissus quinquefolia

ħ

NEKTAR

MÄR	APR	MAI	JUN	JUL	AUG	SEP
				3 3	3 3	

POLLEN

MÄR	APR	MAI	JUN	JUL	AUG	SEP
				3 3	3 3	

Weitere Namen Wilder Wein
Herkunft Nordamerika
Höhe 8–15 m
Wuchs Kletterstrauch mit 3–7-zählig gefingerten, gezähnten Blättern.
Vorkommen, Verwendung Teils verwildert. Für Pergolen, Spaliere, Zäune, Wände. Tiefgründige, frische Böden; Sonne bis Schatten.
Blüten ❀ in unregelmäßig verzweigten Trugdolden, gelbgrün.
Pollenhöschenfarbe grünlich gelb

Anmerkung Unter weiteren Arten: Dreispitzige Jungfernrebe *(Parthnocissus tricuspidata)* in Sorten.

Kultur-Weinrebe ♄
— *Vitis vinifera ssp. vinifera*

NEKTAR						
MÄR	APR	MAI	JUN	JUL	AUG	SEP
			2 2	2 2		

POLLEN						
MÄR	APR	MAI	JUN	JUL	AUG	SEP
			2 2	2 2		

Herkunft Südeuropa
Höhe 5–20 m
Wuchs Mit Sprossranken kletternder Strauch mit 3–5-lappigen, gezähnten Blättern.
Vorkommen, Verwendung Wildform besiedelt Auwälder in klimatisch günstigen Gegenden. Seit etwa 5000 Jahren zur Produktion von Wein in Kultur. In Gärten für Spaliere, Wände und Weinlauben auf kalkhaltigen, humosen Lehmböden in sonnigen Lagen.

Blüten ✿ zahlreich in dichten, reich verzweigten Rispen, gelbgrün.
Pollenhöschenfarbe grünlich gelb
Anmerkung Wildform: Wilde Weinrebe (*Vitis vinivera* ssp. *sylvestris*).

Acker-Winde ♃

— *Convolvulus arvensis*

NEKTAR

MÄR	APR	MAI	JUN	JUL	AUG	SEP
			2 2	2 2	2 2	2

POLLEN

MÄR	APR	MAI	JUN	JUL	AUG	SEP
			2 2	2 2	2 2	2

Herkunft Mittelmeergebiet, jetzt nördliche Hemisphäre
Höhe 20–100 cm
Wuchs Ausdauernd, mit kriechendem oder linkswindendem Stängel und pfeil- bis spießförmigen Blättern.
Vorkommen, Verwendung Äcker, Ödland, Brachen, Schuttplätze, Gärten, Weinberge. Alte Heilpflanze; liebt nährstoffreichen Lehmboden. Rankt als lästiges Unkraut an Zier- und Nutzpflanzen empor.

Blüten einzeln in den Achseln der mittleren und oberen Blätter, weit-trichterförmig, weiß.
Pollenhöschenfarbe weiß
Anmerkung Als Zierpflanze: Dreifarbige Winde *(Convolvulus tricolor)*. Ähnlich: Zaun-Winde *(Calystegia sepium)*.

Herbst-Zeitlose ♃

— Colchicum autumnale

NEKTAR						
MÄR	APR	MAI	JUN	JUL	AUG	SEP
					2 2	2 2

POLLEN						
MÄR	APR	MAI	JUN	JUL	AUG	SEP
					2 2	2 2

Herkunft Europa
Höhe 10–30 cm
Wuchs Ausdauernd, mit tulpenähnlich lanzettlichen Blättern, die erst im auf die Blüte folgenden Frühjahr erscheinen.
Vorkommen, Verwendung Feuchte Wiesen, Auen. Zierpflanze für Steingärten und Rasenflächen auf humosem, sandig-lehmigem, frischem bis feuchtem Boden an sonnigem Standort. Rasenmahd erst nach Vergilben der Blätter.

Vermehrung durch Auspflanzen der Knollen.
Blüten ✳ meist einzeln, direkt aus dem Boden kommend, becherförmig, rosa, violett, rosarot oder weiß. Fruchtknoten bleibt bis zum Frühjahr in der Blütenröhre unter der Erde.
Pollenhöschenfarbe orange
Anmerkung In Sorten. Unter weiteren Arten: Kaukasische *(C. speciosum)*, Byzantinische Herbst-Zeitlose *(C. byzantinum)*.

Service

Tabelle 1: Bienenweide-Fließband Krautartige Pflanzen

	Deutsch (botanisch)
1	Winterling *(Eranthis)*; Schwarze Nieswurz *(Helleborus niger)*
2	Schneeglöckchen *(Galanthus)*; Märzbecher *(Leucojum)*; Safran *(Crocus)*
3	Huflattich *(Tussilago farfara)*; Kegelblume *(Puschkinia scilloides)*
4	Frühlings-Lichtblume *(Bulbodocium vernum)*
5	Pestwurz *(Petasites)*
6	Kuhschelle *(Pulsatilla)*; Blaustern *(Scilla)*
7	Lungenkraut *(Pulmonaria)*; Goldstern *(Gagea)*
8	Schlüsselblumen *(Primula)*; Sternhyazinthe *(Chionodoxa)*
9	Gänsekresse *(Arabis)*; Sumpfdotterblume *(Caltha palustris)*
10	Windröschen *(Anemone)*; Leberblümchen *(Hepatica)*
11	Fingerkraut *(Potentilla)*
12	Veilchen u. Stiefmütterchen *(Viola)*
13	Vogel-Sternmiere *(Stellaria)*
14	Lerchensporn *(Corydalis)*
15	Kaiserkrone *(Fritillaria)*; Golderdbeere *(Waldsteinia)*; Scharbockskraut *(Ranunculus ficaria)*
16	Blaukissen *(Aubrieta)*; Schuppenwurz *(Lathraea)*
17	Adonisröschen *(Adonis vernalis)*; Schildblatt *(Darmera)*
18	Hasenglöckchen *(Hyacinthoides)*; Narzisse *(Narcissus)*
19	Löwenzahn *(Taraxacum officinale)*
20	Steinkraut *(Alyssum)*
21	Wiesenschaumkraut *(Cardamine)*; Kissen-Flammenblume *(Phlox subulata)*
22	Kerbel *(Anthriscus)*; Kreuzblümchen *(Polygala)*; Frühjahrs-Astern *(Aster)*
23	Mondviole *(Lunaria)*; Nelkenwurz *(Geum)*; Hornkraut *(Cerastium)*
24	Falsche Alraunenwurzel *(Tellima)*
25	Taubnessel, Goldnessel *(Lamium)*
26	Hahnenfuß *(Ranunculus)*
27	Winterrübsen *(Brassica rapa)*
28	Traubenhyazinthe *(Muscari)*; Gartenhyazinthe *(Hyacinthus)*; Milchstern *(Ornithogalum)*
29	Trollblume *(Trollius)*
30	Bergenie *(Bergenia)*; Goldlack *(Erysimum)*
31	Günsel *(Ajuga)*; Gedenkemein *(Omphalodes)*; Gundermann *(Glechoma)*
32	Gemswurz *(Doronicum)*
33	Ehrenpreis *(Veronica)*
34	Winterraps *(Brassica napus)*

Nektar (Blütezeit und Wertzahl)							Pollen (Blütezeit und Wertzahl)						
März	April	Mai	Juni	Juli	Aug	Sept	März	April	Mai	Juni	Juli	Aug	Sept
2 2	2						3 3	3					
2 2	2						2 2	2					
2 2	2 2						3 3	3 3					
2 2	2 2						1 1	1 1					
3	3 3						3	3 3					
2	2 2						3	3 3					
2	2 2						2	2 2					
2	2 2						1	1 1					
3	3 3	3					2	2 2	2				
0	0 0	0 0					2	2 2	2 2				
1	1 1	1 1	1 1	1 1	1 1		2	2 2	2 2	2 2	2 2	2 2	
1	1 1	1 1	1 1	1 1	1 1		1	1 1	1 1	1 1	1 1	1 1	
2	2 2	2 2	2 2	2 2	2 2	2 2	1	1 1	1 1	1 1	1 1	1 1	1 1
2	2 2	2 2	2 2	2 2	2 2	2 2	2	2 2	2 2	2 2	2 2	2 2	2 2
	2 2	2 2						2 2	2 2				
	2 2	2 2						2 2	2 2				
	1 1	1 1						3 3	3 3				
	1 1	1 1						2 2	2 2				
	3 3	3 3	3					4 4	4 4	4			
	3 3	3 3	3					1 1	1 1	1			
	2 2	2 2	2					2 2	2 2	2			
	2 2	2 2	2 2					2 2	2 2	2 2			
	1 1	1 1	1 1					1 1	1 1	1 1			
	1 1	1 1	1 1					1 1	1 1	1 1			
	2 2	2 2	2 2	2 2	2 2			1 1	1 1	1 1	1 1	1 1	
	1 1	1 1	1 1	1 1	1 1	1 1		1 1	1 1	1 1	1 1	1 1	1 1
	2	2						2	2				
	2	2 2						2	2 2				
	2	2 2	2					3	3 3	3			
	2	2 2	2					2	2 2	2			
	2	2 2	2					1	1 1	1			
	1	1 1	1					2	2 2	2			
	2	2 2	2 2	2 2	2 2	2 2		2	2 2	2 2	2 2	2 2	2 2
		4 4							4 4				

Krautartige Pflanzen	
Deutsch (botanisch)	
35	Kohlrübe *(Brassica napus)*, Kohlarten, Kohlrabi *(B. oleracea)*, Sommerrüben *(B. rapa)*
36	Sommerraps *(Brassica napus)*
37	Inkarnatklee *(Trifolium incarnatum)*
38	Steinsame *(Lithospermum);* Fieberklee *(Menyanthes)*
39	Wiesen-Kümmel *(Carum carvi)*; Japanische Petersilie *(Cryptotaenia)*
40	Süßdolde *(Myrrhis);* Salomonssiegel *(Polygonatum);* Steinbrech *(Saxifraga)*
41	Himmelsleiter *(Polemonium)*
42	Ölrauke *(Eruca sativa);* Senf-Rauke *(Eruca sativa);* Meerkohl *(Crambe);* Bocksbart *(Tragopogon)*
43	Goldkörbchen *(Chrysogonum);* Färber-Waid *(Isatis tinctoria)*
44	Klappertopf *(Rhinanthus)*
45	Purpurglöckchen *(Heuchera);* Schaumglöckchen *(Heucherella)*
46	Bischofskappe *(Tiarella)*
47	Wiesen-Knöterich *(Bistorta)*; Wachsblume *(Cerinthe)*
48	Wiesenraute *(Thalictrum)*; Ampfer *(Rumex)*
49	Vergissmeinnicht *(Myosotis);* Spornblume *(Centranthus)*
50	Leimkraut *(Silene);* Witwenblume *(Knautia);* Taglilie *(Hemerocallis);* Rauke *(Sisymbrium)*
51	Habichtskraut *(Hieracium)*; Teufelskralle *(Phyteuma);* Pippau *(Crepis)*
52	Schöllkraut *(Chelidonium majus)*
53	Wegerich *(Plantago)*
54	Hundszunge *(Cynoglossum)*
55	Esparsette *(Onobrychis viciifolia)*
56	Lichtnelke *(Lychnis);* Wundklee *(Anthyllis vulneraria)*
57	Zottelwicke *(Vicia villosa)*; Ölrettich, Radieschen *(Raphanus sativus)*
58	Weißer Diptam *(Dictamnus albus)*
59	Akelei *(Aquilegia)*
60	Mohn *(Papaver);* Mädesüß *(Filipendula)*
61	Lauch, Küchenzwiebel *(Allium)*
62	Beinwell *(Symphytum)*; Zitronenmelisse *(Melissa officinalis)*
63	Pelargonie *(Pelargonium);* Kamille *(Matricaria)*
64	Weiß-Klee *(Trifolium repens)*; Schweden-Klee *(Trifolium hybridum);* Persischer Klee *(Trifolium resupinatum)*
65	Salbei *(Salvia);* Hornklee *(Lotus corniculatus)*
66	Glockenblume *(Campanula);* Echte Kamille *(Matircaria chamomilla)*
67	Hopfenklee *(Medicago lupulina)*; Hufeisenklee *(Hippocrepis comosa)*
68	Storchschnabel *(Geranium);* Erdrauch *(Fumaria)*
69	Korn- und Flockenblume *(Centaurea)*
70	Ochsenzunge *(Anchusa)*

Nektar (Blütezeit und Wertzahl)							Pollen (Blütezeit und Wertzahl)						
März	**April**	**Mai**	**Juni**	**Juli**	**Aug**	**Sept**	**März**	**April**	**Mai**	**Juni**	**Juli**	**Aug**	**Sept**
		2 2							2 2				
		4 4	4						4 4	4			
		3 3	3 3						3 3	3 3			
		2 2	2 2						2 2	2 2			
		1 1	1 1						1 1	1 1			
		1 1	1 1						1 1	1 1			
		3 3	3 3	3 3					3 3	3 3	3 3		
		2 2	2 2	2 2					2 2	2 2	2 2		
		2 2	2 2	2 2					2 2	2 2	2 2		
		2 2	2 2	2 2					0 0	0 0	0 0		
		1 1	1 1	1 1					1 1	1 1	1 1		
		1 1	1 1	1 1					1 1	1 1	1 1		
		3 3	3 3	3 3	3				2 2	2 2	2 2	2	
		0 0	0 0	0 0	0				2 2	2 2	2 2	2	
		2 2	2 2	2 2	2 2				1 1	1 1	1 1	1 1	
		1 1	1 1	1 1	1 1				1 1	1 1	1 1	1 1	
		2 2	2 2	2 2	2 2	2			2 2	2 2	2 2	2 2	2
		0 0	0 0	0 0	0 0	0			2 2	2 2	2 2	2 2	2
		0 0	0 0	0 0	0 0	0 0			3 3	3 3	3 3	3 3	3 3
		3	3 3						1	1 1			
		4	4 4	4					4	4 4	4		
		2	2 2	2 2					2	2 2	2 2		
		3	3 3	3 3					2	2 2	2 2		
		3	3 3	3 3					2	2 2	2 2		
		2	2 2	2 2					3	3 3	3 3		
		0	0 0	0 0	0				3	3 3	3 3	3	
		3	3 3	3 3	3				2	2 2	2 2	2	
		2	2 2	2 2	2 2				1	1 1	1 1	1 1	
		1	1 1	1 1	1 1				2	2 2	2 2	2	
		4	4 4	4 4	4 4	4			3	3 3	3 3	3 3	3
		3	3 3	3 3	3 3	3			1	1 1	1 1	1 1	1
		2	2 2	2 2	2 2	2			2	2 2	2 2	2 2	2
		2	2 2	2 2	2 2	2			2	2 2	2 2	2 2	2
		2	2 2	2 2	2 2	2			2	2 2	2 2	2 2	2
		3	3 3	3 3	3 3	3 3			2	2 2	2 2	2 2	2 2
		3	3 3	3 3	3 3	3 3			1	1 1	1 1	1 1	1 1

Krautartige Pflanzen	
Deutsch (botanisch)	
71	Weißer Senf *(Sinapis alba)* bei Frühjahrssaat
72	Schwarzkümmel *(Nigella)*; Hederich *(Raphanus raphanistrum)*
73	Ackersenf *(Sinapis arvensis);* Steppenkerze *(Eremurus);* Bergscharte *(Stemmacantha)*
74	Lupine *(Lupinus)*; Geißbart *(Aruncus)*
75	Erdbeere *(Fragaria);* Reiherschnabel *(Erodium);* Wolfsmilch *(Euphorbia)*
76	Rhabarber *(Rheum)*
77	Schaublatt *(Rodgersia)*
78	Rittersporn *(Delphinium)*; Tollkirsche *(Atropa bella-donna)*
79	Weiderich *(Lythrum)*; Gurke *(Cucumis);* Weidenröschen *(Epilobium)*
80	Wicke *(Vicia)*; Katzenminze *(Nepeta)*; Tragant *(Astragalus)*
81	Sommerwurz *(Orobanche);* Hauswurz *(Sempervivum)*
82	Acker-Rittersporn *(Consolida regalis)*
83	Geißraute *(Galega);* Gummikraut *(Grindelia);* Schleierkraut *(Gypsophila);* Wein-Raute *(Ruta)*
84	Serradella *(Ornithopus);* Feld-Klee *(Trifolium campestre);* Wohlverleih *(Arnica)*
85	Baldriangesicht *(Phuopsis)*
86	Borretsch *(Borago)*
87	Dreimasterblume *(Tradescantia);* Feinstrahl, Berufkraut *(Erigeron)*
88	Acker- u. Zaun-Winde *(Convolvulus u. Calystegia);* Wucherblume *(Xanthophthalmum)*
89	Büschelschön *(Phacelia)* [je nach Aussaatzeit 4–6 Wochen]
90	Fettblatt, Mauerpfeffer *(Sedum)*; Thymian-Stauden *(Thymus)*; Kandelaber-Ehrenpreis (*Veronicastrum*)
91	Hainblume *(Nemophila)*; Sonnenwende *(Heliotropium)*
92	Mädchenauge *(Coreopsis);* Gauklerblume *(Mimulus)*
93	Greiskraut *(Senecio)*; Gazanie (*Gazania*-Hybriden)
94	Braunwurz *(Scrophularia);* Zimbelkraut *(Cymbalaria);* Zaunrübe *(Bryonia)*
95	Studentenblume *(Tagetes);* Margerite *(Leucanthemum)*
96	Schafgarbe *(Achillea)*; Sterndolde *(Astrantia);* Nelke *(Dianthus)*
97	Hauhechel *(Ononis);* Leberbalsam *(Ageratum);* Zistrose *(Cistus)*
98	Graukresse *(Berteroa);* Sonnenröschen *(Helianthemum)*
99	Labkraut *(Galium);* Begonie *(Begonia)*
100	Pfingstrose *(Paeonia)*
101	Lein *(Linum usitatissimum)*; Petersilie *(Petroselinum)*
102	Saflor *(Carthamus);* Haargurke *(Sicyos angulatus)*
103	Ackerbohne *(Vicia faba)*; Giersch *(Aegopodium)*
104	Fenchel *(Foeniculum)*
105	Kratzdistel *(Cirsium);* Berg-Klee *(Trifolium montanum)*
106	Andorn *(Marrubium);* Blumenbinse *(Butomus)*

Nektar (Blütezeit und Wertzahl)							**Pollen (Blütezeit und Wertzahl)**						
März	**April**	**Mai**	**Juni**	**Juli**	**Aug**	**Sept**	**März**	**April**	**Mai**	**Juni**	**Juli**	**Aug**	**Sept**
			3 3							3 3			
			3 3	3 3						2 2	2 2		
			2 2	2 2						2 2	2 2		
			1 1	1 1						2 2	2 2		
			1 1	1 1						1 1	1 1		
			0 0	0 0						1 1	1 1		
			3 3	3 3	3					3 3	3 3	3	
			2 2	2 2	2					1 1	1 1	1	
			3 3	3 3	3 3					2 2	2 2	2 2	
			3 3	3 3	3 3					1 1	1 1	1 1	
			2 2	2 2	2 2					1 1	1 1	1 1	
			1 1	1 1	1 1					2 2	2 2	2 2	
			1 1	1 1	1 1					1 1	1 1	1 1	
			2 2	2 2	2 2					2 2	2 2	2 2	
			1 1	1 1	1 1					1 1	1 1	1 1	
			4 4	4 4	4 4	4				2 2	2 2	2 2	2
			2 2	2 2	2 2	2				2 2	2 2	2 2	2
			2 2	2 2	2 2	2				2 2	2 2	2 2	2
			4 4	4 4	4 4	4 4				3 3	3 3	3 3	3 3
			3 3	3 3	3 3	3 3				2 2	2 2	2 2	2 2
			3 3	3 3	3 3	3 3				1 1	1 1	1 1	1 1
			2 2	2 2	2 2	2 2				2 2	2 2	2 2	2 2
			2 2	2 2	2 2	2 2				2 2	2 2	2 2	2 2
			2 2	2 2	2 2	2 2				1 1	1 1	1 1	2 2
			2 2	2 2	2 2	2 2				1 1	1 1	1 1	1 1
			1 1	1 1	1 1	1 1				2 2	2 2	2 2	2 2
			1 1	1 1	1 1	1 1				2 2	2 2	2 2	2 2
			1 1	1 1	1 1	1 1				2 2	2 2	2 2	2 2
			1 1	1 1	1 1	1 1				1 1	1 1	1 1	1 1
			2	2 2						2	2 2		
			1	1 1						1	1 1		
			3	3 3	3					2	2 2	2	
			2	2 2	2					2	2 2	2	
			4	4 4	4 4					2	2 2	2 2	
			3	3 3	3 3					2	2 2	2 2	
			3	3 3	3 3					1	1 1	1 1	

Krautartige Pflanzen	
Deutsch (botanisch)	
107	Fingerhut *(Digitalis)*; Baldrian *(Valeriana);* Präriemalve *(Sidalcea)*
108	Duftsteinrich *(Lobularia)*; Klarkie *(Clarkia);* Liebstöckel *(Levisticum)*
109	Nachtkerze *(Oenothera);* Zinnie *(Zinnia)*
110	Steinklee *(Melilotus)*
111	Rot-Klee *(Trifolium pratense)*; Spargel *(Asparagus officinalis)*
112	Fackellilie *(Kniphofia);* Lilie *(Lilium)*
113	Natternkopf *(Echium);* Bärenklau *(Heracleum)*
114	Ringelblume *(Calendula);* Dill *(Anethum);* Möhre *(Daucus carota);* Hundskamille *(Anthemis)*
115	Platterbse *(Lathyrus)*; Skabiose *(Scabiosa)*; Grasnelke *(Armeria)*
116	Kürbis, Zucchini *(Cucurbita);* Basilienkraut *(Ocimum)*
117	Riesenmalve *(Kitaibelia);* Malve *(Malva)*
118	Hartheu *(Hypericum)*; Goldmohn *(Eschscholzia);* Hornmohn *(Glaucium);* Mais *(Zea mays)*
119	Resede *(Reseda)*
120	Lobelie *(Lobelia)*; Wirbeldost *(Clinopodium)*; Leinkraut *(Linaria)*
121	Seide *(Cuscuta);* Braunelle *(Prunella);* Bibernelle *(Pimpinella)*
122	Edeldistel *(Eryngium)*; Kugeldistel *(Echinops)*; Engelwurz *(Angelica)*
123	Duftnessel *(Agastache)*; Färber-Scharte *(Serratula)*
124	Alant (Inula)
125	Springkraut *(Impatiens)*; Funkie *(Hosta)*; Rindsauge *(Buphthalmum);* Goldkolben *(Ligularia)*
126	Dickblume *(Pycnanthemum)*
127	Königskerze *(Verbascum)*
128	Jakobskraut *(Brachyglottis);* Gilie *(Gilia)*
129	Ysop *(Hyssopus)*
130	Sonnenblume *(Helianthus annuus)*; Eselsdistel *(Onopordum);* Mariendistel *(Silybum)*
131	Wegwarte, Zichorie *(Cichorium);* Prachtspiere *(Astilbe);* Sommer-Astern *(Aster)*
132	Igelgurke *(Echinocystis lobata)*
133	Luzerne *(Medicago sativa)*; Drachenkopf *(Dracocephalum)*
134	Stockrose *(Alcea);* Buschmalve *(Lavatera);* Lavendel *(Lavandula)*
135	Melisse *(Melissa)*; Pastinak *(Pastinaca);* Teufelsabbiss *(Succisa)*
136	Buchweizen *(Fagopyrum)*
137	Sonnenbraut *(Helenium)*
138	Sonnenhut *(Rudbeckia)*
139	Flügelknöterich *(Fallopia)*; Dost und Majoran *(Origanum);* Wasserdost *(Eupatorium)*
140	Ziest *(Stachys)*; Gamander *(Teucrium);* Strandflieder *(Limonium)*
141	Scheinsonnenhut *(Echinacea)*; Wiesenknopf *(Sanguisorba);* Mittagsblume *(Lampranthus)*
142	Rainfarn *(Tanacetum)*; Schmuckkörbchen *(Cosmos);* Dahlie *(Dahlia);* Ballonblume *(Platycodon)*

Nektar (Blütezeit und Wertzahl)							Pollen (Blütezeit und Wertzahl)						
März	April	Mai	Juni	Juli	Aug	Sept	März	April	Mai	Juni	Juli	Aug	Sept
			2	2 2	2 2					1	1 1	1 1	
			2	2 2	2 2					1	1 1	1 1	
			2	2 2	2 2					2	2 2	2 2	
			4	4 4	4 4	4				3	3 3	3 3	3
			3	3 3	3 3	3				3	3 3	3 3	3
			3	3 3	3 3	3				3	3 3	3 3	3
			3	3 3	3 3	3				2	2 2	2 2	2
			2	2 2	2 2	2				2	2 2	2 2	2
			2	2 2	2 2	2				1	1 1	1 1	1
			2	2 2	2 2	2				1	1 1	1 1	1
			2	2 2	2 2	2				1	1 1	1 1	1
			0	0 0	0 0	0				3	3 3	3 3	3
			2	2 2	2 2	2 2				3	3 3	3 3	3 3
			2	2 2	2 2	2 2				1	1 1	1 1	1 1
			2	2 2	2 2	2 2				1	1 1	1 1	1 1
				3 3	3 3						2 2	2 2	
				3 3	3 3						2 2	2 2	
				2 2	2 2						3 3	3 3	
				2 2	2 2						2 2	2 2	
				2 2	2 2						1 1	1 1	
				1 1	1 1						3 3	3 3	
				1 1	1 1						2 2	2 2	
				4 4	4 4	4					1 1	1 1	1
				3 3	3 3	3					3 3	3 3	3
				3 3	3 3	3					3 3	3 3	3
				3 3	3 3	3					2 2	2 2	2
				3 3	3 3	3					1 1	1 1	1
				3 3	3 3	3					1 1	1 1	1
				2 2	2 2	2					1 1	1 1	1
				4 4	4 4	4 4					3 3	3 3	3 3
				3 3	3 3	3 3					4 4	4 4	4 4
				3 3	3 3	3 3					3 3	3 3	3 3
				3 3	3 3	3 3					2 2	2 2	2 2
				3 3	3 3	3 3					1 1	1 1	1 1
				2 2	2 2	2 2					2 2	2 2	2 2
				2 2	2 2	2 2					2 2	2 2	2 2

Krautartige Pflanzen	
Deutsch (botanisch)	
143	Odermennig *(Agrimonia)*; Eberwurz (*Carlina)*; Feuerbohne *(Phaseolus)*
144	Kapuzinerkresse *(Tropaeolum)*; Sauerklee *(Oxalis)*; Tabak (*Nicotiana)*; Perlkörbchen *(Anaphalis)*
145	Kokardenblume *(Gaillardia)*; Flammenblume *(Phlox drummondii)*; Herbst-Löwenzahn *(Leontodon)*
146	Minze *(Mentha)*; Herzgespann *(Leonurus)*; Zahntrost *(Odontites)*
147	Indianernessel *(Monarda)*; Gelenkblume *(Physostegia)*
148	Bohnenkraut *(Satureja)*; Eisenkraut *(Verbena)*; Schwalbenwurz *(Vincetoxicum)*
149	Bergminze *(Calamintha)*; Goldbaldrian *(Patrinia)*; Virginia-Malve *(Sida)*
150	Augentrost *(Euphrasia)*; Eisenhut *(Aconitum)*; Bartfaden *(Penstemon)*
151	Hasenlattich *(Prenanthes)*; Hohlzahn *(Galeopsis)*
152	Enzian *(Gentiana)*; Seifenkraut *(Saponaria)*; Prunkwinde *(Ipomoea)*
153	Prachtscharte *(Liatris)*; Montbretie *(Crocosmia)*
154	Nachtschatten *(Solanum)*; Hopfen *(Humulus)*
155	Koriander *(Coriandrum)*
156	Kohl-Distel *(Cirsium oleraceum*); Karde *(Dipsacus)*
157	Gamander *(Teucrium)*
158	Klette *(Arctium)*; Chrysantheme *(Chrysanthemum)*
159	Goldrute *(Solidago)*; Becherpflanze *(Silphium)*; Sonnenauge *(Heliopsis)*
160	Spinnenblume *(Tarenaya hassleriana)*
161	Hanf *(Cannabis)*
162	Herbst-Astern *(Aster)*
163	Glockenheide *(Erica tetralix)*
164	Topinambur u. Weidenblättrige Sonnenblume (*Helianthus tuberosus u. H. salicifolius)*
165	Herbst-Zeitlose *(Colchicum)*; Silberkerze *(Cimicifuga)*
166	Chinesischer Beifuß und Wermut *(Artemisia lactiflora und A. absinthium)*
167	Krötenlilie *(Tricyrtis)*
168	Herbst-Anemonen *(Anemone)*
169	Weißer Senf *(Sinapis alba)* bei Stoppelsaat

Nektar (Blütezeit und Wertzahl)							**Pollen (Blütezeit und Wertzahl)**						
März	**April**	**Mai**	**Juni**	**Juli**	**Aug**	**Sept**	**März**	**April**	**Mai**	**Juni**	**Juli**	**Aug**	**Sept**
				2 2	2 2	2 2					2 2	2 2	2 2
				2 2	2 2	2 2					2 2	2 2	2 2
				2 2	2 2	2 2					2 2	2 2	2 2
				2 2	2 2	2 2					1 1	1 1	1 1
				2 2	2 2	2 2					1 1	1 1	1 1
				2 2	2 2	2 2					1 1	1 1	1 1
				2 2	2 2	2 2					1 1	1 1	1 1
				1 1	1 1	1 1					2 2	2 2	2 2
				1 1	1 1	1 1					1 1	1 1	1 1
				1 1	1 1	1 1					1 1	1 1	1 1
				1 1	1 1	1 1					1 1	1 1	1 1
				0 0	0 0	0 0					1 1	1 1	1 1
			4	4	4 4					1	1	1 1	
				3	3 3	3					2	2 2	2
				3	3 3	3					1	1 1	1
				2	2 2	2 2					2	2 2	2 2
				3	3 3	3 3					2	2 2	2 2
				3	3 3	3 3					1	1 1	1 1
					0 0							3 3	
					3 3	3 3						3 3	3 3
					2 2	2 2						2 2	2 2
					2 2	2 2						2 2	2 2
					2 2	2 2						2 2	2 2
					1 1	1 1						1 1	1 1
					1 1	1 1						1 1	1 1
					0 0	0 0						2 2	2 2
					2	2 2						3	3 3

Tabelle 2: Bienenweide-Fließband Gehölze		
Gehölze		**Honigtau**
Deutsch (botanisch)		
1	Winterblüte *(Chimonanthus);* Jasmin *(Jasminium)*	
2	Seidelbast *(Daphne)*	
3	Lebensbaum *(Thuja);* Scheinzypresse *(Chamaecyparis);* Hasel *(Corylus)*	H
4	Duftender Schneeball *(Viburnum farreri)*	
5	Schneeheide und Frühjahrsheide *(Erica carnea* und *Erica*-Hybriden)	
6	Schneeforsythie *(Abeliophyllum)*	
7	Eibe *(Taxus);* Scheinhasel *(Corylopsis)*	
8	Sal-, Kübler- und Reif-Weide *(Salix caprea, S.* x *smithiana, S. daphnoides*)	H
9	Silber-Ahorn *(Acer saccharinum);* Zucker-Ahorn *(Acer saccharum)*	H
10	Spitzblättrige Weide *(Salix acutifolia);* Purpurweide *(Salix purpurea)*	H
11	Kornelkirsche *(Cornus mas*)	
12	Gewöhnliche und Oregon-Stachelbeere *(Ribes uva-crispa, Ribes divaricatum)*	H
13	Persische, Grau- und Korbweide *(Salix aegyptiaca, S. cinerea, S. viminalis)*	H
14	Pappel *(Populus);* Erle *(Alnus);* Ulme *(Ulmus)*	H
15	Buchsbaum *(Buxus);* Ysander *(Pachysandra)*	
16	Ohr- und Schwarzwerdende Weide *(Salix aurita, S. nigricans)*	H
17	Schlehe, Pfirsich, Kirschpflaume *(Prunus spinosa, P. persica, P. cerasifera)*	H
18	Garten- und Zier-Johannisbeere *(Ribes)*; Aprikose *(Prunus armeniaca)*	
19	Eschen-Ahorn *(Acer negundo)*; Birke *(Betula*)	H
20	Vogel- und Süß-Kirsche; Sauer-Kirsche *(Prunus avium; Prunus cerasus)*	H
21	Silber-, Trauer- und Bruch-Weide *(Salix alba, S. babylonica* und *S. fragilis)*	H
22	Spitz-Ahorn *(Acer platanoides)*, Rot-Ahorn *(Acer rubrum)*	H
23	Haus- und Zierpflaume, Zierkirschen, Mandelbäumchen *(Prunus)*	

Nektar (Blütezeit und Wertzahl)							Pollen (Blütezeit und Wertzahl)						
März	April	Mai	Juni	Juli	Aug	Sept	März	April	Mai	Juni	Juli	Aug	Sept
1 1							1 1						
2 2	2						2 2	2					
0 0	0						2 2	2					
2 2	2 2						2 2	2 2					
4 4	4 4						2 2	2 2					
3 3	3 3						1 1	1 1					
0 0	0 0						2 2	2 2					
4	4 4						4	4 4					
4	4 4						2	2 2					
3	3 3						3	3 3					
3	3 3						2	2 2					
3	3 3						1	1 1					
2	2 2						2	2 2					
0	0 0						3	3 3					
2	2 2						2	2 2					
	3 3	3						3 3	3				
	2 2	2						3 3	3				
	2 2	2						2 2	2				
	0 0	0						2 2	2				
	4 4	4 4						4 4	4 4				
	3 3	3 3						3 3	3 3				
	3 3	3 3						2 2	2 2				
	3 3	3 3						2 2	2 2				

Gehölze	Honigtau
Deutsch (botanisch)	
24 Carolina- und Berg-Schneeglöckchenbaum *(Halesia carolina, Halesia monticola)*	
25 Judasbaum *(Cercis siliquastrum)*; Schuppenheide *(Cassiope)*	
26 Felsenbirne *(Amelanchier)*	
27 Mistel *(Viscum);* Quitte *(Cydonia)*	
28 Kultur-Apfel *(Malus domestica)*	H
29 Zier-Äpfel *(Malus)*	H
30 Fünfblättrige und dreiblättrige Akebie *(Akebia quinata* und *A. trifoliata)*	
31 Scheinquitte, Zierquitte *(Chaenomeles)*	
32 Mahonie *(Mahonia aquifolium);* Flieder *(Syringa)*	
33 Garten-, Wild- und Chinesische Zier-Birne *(Pyrus)*	H
34 Esche *(Fraxinus)*; Eiche *(Quercus)*	H
35 Rot-Buche *(Fagus)*; Weiß-Buche *(Carpinus)*	H
36 Gewöhnliche Traubenkirsche *(Prunus padus);* Echte Mispel *(Mespilus)*	
37 Gewöhnliche und Rote Rosskastanie *(Aesculus hippocastanum und A. x carnea)*	H
38 Heidelbeere *(Vaccinium myrtillus);* Radspiere *(Exochorda)*	
39 Blauregen (Wisteria)	
40 Bergahorn *(Acer pseudoplatanus)*	H
41 Erbsenstrauch *(Caragana arborescens)*; Amberbaum *(Liquidambar styraciflua)*	
42 Berberitze *(Berberis);* Blauglockenbaum *(Paulownia);* Perückenstrauch *(Cotinus)*	
43 Strauch-Pfingstrose *(Paeonia);* Skimmie *(Skimmia);* Lorbeer-Kirsche *(Prunus laurocerasus)*	
44 Heckenkirsche *(Lonicera);* Ranunkelstrauch *(Kerria);* Strahlengriffel *(Actinidia)*	
45 Eberesche, Mehlbeere, Schwed. Mehlbeere, Elsbeere *(Sorbus)*	H
46 Weißdorn *(Crataegus);* Feldahorn *(Acer campestre);* Hartriegel *(Cornus)*	H
47 Kreuzdorn *(Rhamnus)*; Magnolie *(Magnolia);* Amerik. Gelbholz *(Cladrastis lutea)*	
48 Blumen-Esche *(Fraxinus ornus)*	

Nektar (Blütezeit und Wertzahl)							Pollen (Blütezeit und Wertzahl)						
März	April	Mai	Juni	Juli	Aug	Sept	März	April	Mai	Juni	Juli	Aug	Sept
	2 2	2 2						2 2	2 2				
	2 2	2 2						2 2	2 2				
	2 2	2 2						1 1	1 1				
	1 1	1 1						1 1	1 1				
	4	4 4						4	4 4				
	3	3 3						3	3 3				
	3	3 3						1	1 1				
	2	2 2						3	3 3				
	2	2 2						3	3 3				
	2	2 2						3	3 3				
	0	0 0						2	2 2				
	0	0 0						2	2 2				
	1	1 1						1	1 1				
	3	3 3	3					3	3 3	3			
	3	3 3	3					1	1 1				
	2	2 2	2 2					1	1 1	1 1			
		4 4							2 2				
		2 2							2 2				
		2 2	2						1 1	1			
		2 2	2 2						2 2	2 2			
		2 2	2 2						2 2	2 2			
		2 2	2 2						2 2	2 2			
		2 2	2 2						2 2	2 2			
		2 2	2 2						1 1	1 1			
		1 1	1 1						3 3	3 3			

Gehölze		Honigtau
deutsch (botanisch)		
49	Geißklee, Besenginster *(Cytisus);* Goldregen *(Laburnum);* Pfaffenhütchen *(Euonymus)*	
50	Sumpf-Porst *(Ledum palustre);* Apfelbeere *(Aronia);* Krähenbeere *(Empetrum)*	
51	Echte Himbeere *(Rubus idaeus)*	
52	Rosmarin *(Rosmarinus officinalis)*	
53	Spiersträucher *(Spiraea);* Backenklee *(Dorycnium);* Strauch-Kronwicke *(Hippocrepis)*	
54	Azalee und Alpenrose *(Rhododendron)*	
55	Tamariske *(Tamarix);* Immergrün *(Vinca)*	
56	Preiselbeere und Moosbeere *(Vaccinium vitis-idaea* und *V. oxycoccus)*	
57	Zwergmispel *(Cotoneaster)*	
58	Robinie *(Robinia)*	
59	Amerikanischer Tulpenbaum (*Liriodendon tulipifera*); Pavie *(Aesculus pavia)*	
60	Ölweide *(Elaeagnus);* Abelie *(Abelia)*	
61	Spätblühende und Virginische Traubenkirsche (*Prunus serotina, P. virginiaca*)	
62	Kolkwitzie *(Kolkwitzia)*; Weigelie *(Weigela)*; Stechpalme *(Ilex);* Feuerdorn *(Pyracantha)*	
63	Warzen-Glanzmispel *(Photiana villosa)*	
64	Faulbaum *(Frangula alnus);* Pimpernuss *(Staphylea)*	
65	Echte und Acker-Brombeere *(Rubus fruticosus* und *R. caesius)*	
66	Ginster *(Genista)*	
67	Rosen *(Rosa)*	
68	Salbei-Halbsträucher *(Salvia)*	
69	Waldrebe (*Clematis)*	
70	Walnussbaum *(Juglans regia);* Holunder *(Sambucus)*	
71	Sommer- und Holländische Linde *(Tilia platyphyllos* und *T. x vulgaris)*	H
72	Dreidornige Gleditschie (*Gleditsia triacanthos*)	H
73	Korkbaum *(Phellodendron)*; Weinrebe *(Vitis vinifera)*	
74	Blasenspiere *(Physocarpus)*; Wechselblättriger Sommerflieder *(Buddleja alternifolia)*	
75	Essigbaum *(Rhus typhina)*	

	Nektar (Blütezeit und Wertzahl)							Pollen (Blütezeit und Wertzahl)						
	März	April	Mai	Juni	Juli	Aug	Sept	März	April	Mai	Juni	Juli	Aug	Sept
			1 1	1 1						2 2	2 2			
			1 1	1 1						1 1	1 1			
			4 4	4 4	4					3 3	3 3	3		
			3 3	3 3	3					1 1	1 1	1		
			2 2	2 2	2 2					2 2	2 2	2 2		
			2 2	2 2	2 2	2 2				2 2	2 2	2 2	2 2	
			1 1	1 1	1 1	1 1				1 1	1 1	1 1	1 1	
			1 1	1 1	1 1	1 1				1 1	1 1	1 1	1 1	
			4	4 4						3	3 3			
			4	4 4						2	2 2			
			3	3 3						3	3 3			
			3	3 3						1	1 1			
			2	2 2						2	2 2			
			2	2 2						2	2 2			
			1	1 1						1	1 1			
			3	3 3	3					2	2 2	2		
			3	3 3	3 3	3				3	3 3	3 3	3	
			1	1 1	1 1	1				2	2 2	2 2	2	
			2	2 2	2 2	2 2				2	2 2	2 2	2 2	
			3	3 3	3 3	3 3	3			1	1 1	1 1	1 1	1
			2	2 2	2 2	2 2	2			2	2 2	2 2	2 2	2
				0 0							2 2			
				4 4	4						1 1	1		
				4 4	4						1 1	1		
				2 2	2						2 2	2		
				2 2	2						2 2	2		
				3 3	3 3						3 3	3 3		

Gehölze	Honigtau
Deutsch (botanisch)	
76 Esskastanie *(Castanea sativa)*	
77 Götterbaum *(Ailanthus altissima)*; Unform *(Amorpha fruticosa)*; Tupelobaum *(Nyssa silvatica)*	H
78 Liguster *(Ligustrum)*; Fontanesie *(Fontanesia phillyreoides)*; Surenbaum *(Toona sinensis)*	
79 Fiederspiere *(Sorbaria)*; Hopfenstrauch *(Ptelea)*; Grauheide *(Erica cinerea)*; Buschgeißblatt *(Diervilla)*	
80 Strauchehrenpreis *(Hebe)*; Stachelesche *(Zanthoxylum)*	
81 Zimt- und Japanische Wein-Himbeere *(Rubus odoratus* und *R. phoenicolasius)*	
82 Deutzie *(Deutzia)*; Pfeifenstrauch *(Philadelphus)*; Gewöhnlicher Schneeball *(Viburnum opulus)*	
83 Blasenstrauch *(Colutea arborescens)*	
84 Fuchsie *(Fuchsia)*; Scheinbeere *(Gaultheria)*; Klettertrompete *(Campsis)*	
85 Fingerstrauch *(Potentilla fruticosa, Potentilla*-Hybriden)	
86 Seidenpflanze *(Asclepias)*	
87 Thymian-Halbsträucher *(Thymus)*	
88 Schnee-, Korallen- und Purpurbeere *(Symphoricarpos)*; Sonnenwende *(Heliotropium arborescens)*	
89 Gewöhnlicher und Chinesischer Bocksdorn *(Lycium barbarum* und *L. chinense)*	
90 Winter-, Krim- und Amerikan. Linde *(Tilia cordata, T. x euchlora* und *T. americana)*	H
91 Trompetenbaum *(Catalpa bignonioides)*	
92 Strauch-Johanniskraut *(Hypericum)*	
93 Strauch-Rosskastanie *(Aesculus parviflora)*	
94 Jungfernrebe, Wilder Wein *(Parthenocissus)*	
95 Blasenbaum (*Koelreuteria paniculata)*	
96 Baumaralie *(Kalopanax septemlobus)*; Amur-Gelbholz *(Maackia amurensis)*	
97 Palmlilie *(Yucca)*	
98 Sauerbaum *(Oxydendrum arboreum)*	
99 Echter Lavendel *(Lavandula angustifolia)*	
100 Roseneibisch *(Hibiscus syriacus)*; Berg- und Edel-Gamander *(Teucrium)*	
101 Säckelblume *(Ceanothus x delilianus)*; Gewöhnlicher Sommerflieder *(Buddleja davidii)*	

Nektar (Blütezeit und Wertzahl)							Pollen (Blütezeit und Wertzahl)						
März	**April**	**Mai**	**Juni**	**Juli**	**Aug**	**Sept**	**März**	**April**	**Mai**	**Juni**	**Juli**	**Aug**	**Sept**
			3 3	3 3						3 3	3 3		
			3 3	3 3						2 2	2 2		
			2 2	2 2						2 2	2 2		
			2 2	2 2						2 2	2 2		
			1 1	1 1						2 2	2 2		
			3 3	3 3	3					2 2	2 2	2	
			1 1	1 1	1					1 1	1 1	1	
			3 3	3 3	3 3					2 2	2 2	2 2	
			2 2	2 2	2 2					1 1	1 1	1 1	
			2 2	2 2	2 2	2				2 2	2 2	2 2	2
			4 4	4 4	4 4	4 4				1 1	1 1	1 1	1 1
			3 3	3 3	3 3	3 3				2 2	2 2	2 2	2 2
			3 3	3 3	3 3	3 3				1 1	1 1	1 1	1 1
			2 2	2 2	2 2	2 2				2 2	2 2	2 2	2 2
			4	4 4						1	1 1		
			3	3 3						2	2 2		
			1	1 1	1 1	1				3	3 3	3 3	3
				3 3	3 3						3 3	3 3	
				3 3	3 3						3 3	3 3	
				3 3	3 3						1 1	1 1	
				2 2	2 2						2 2	2 2	
				1 1	1 1						1 1	1 1	
				3 3	3 3	3					2 2	2 2	2
				2 2	2 2	2					1 1	1 1	1
				3 3	3 3	3 3					1 1	1 1	1 1
				2 2	2 2	2 2					2 2	2 2	2 2

Gehölze	Honigtau
Deutsch (botanisch)	
102 Glocken-Heide *(Erica tetralix)*; Schling-Knöterich *(Fallopia baldschuanica)*	
103 Engelstrompete *(Brugmansia)*; Schönfrucht *(Callicarpa)*; Scheineller *(Clethra)*	
104 Eberraute *(Artemisia)*	
105 Silber-Linde *(Tilia tomentosa)*	H
106 Japanischer Schnurbaum *(Sophora japonica)*	
107 Euodia *(Tetradium daniellii)*	
108 Schöne Leycesterie *(Leycesteria formosa)*	
109 Clandon- und Graufilzige Bartblume *(Caryopteris* x *clandonensis u. C. incana)*	
110 Besen-Heide *(Calluna vulgaris)*	
111 Sieben-Söhne-des-Himmels-Strauch [Name in China] *(Heptacodium miconioides)*	
112 Blauraute *(Perovskia)*; Strandflieder *(Limonium)*	
113 Rispen-Hortensie *(Hydrangea paniculata)*; Erdbeerbaum *(Arbutus unedo)*	
114 Gemeiner Efeu *(Hedera helix)*; Angelikabaum *(Aralia elata)*	

	Nektar (Blütezeit und Wertzahl)							Pollen (Blütezeit und Wertzahl)						
	März	April	Mai	Juni	Juli	Aug	Sept	März	April	Mai	Juni	Juli	Aug	Sept
					2 2	2 2	2 2					2 2	2 2	2 2
					2 2	2 2	2 2					2 2	2 2	2 2
					2 2	2 2	2 2					2 2	2 2	2 2
					3	3						1	1	
					4	4 4						2	2 2	
					4	4 4	4					3	3 3	3
					2	2 2	2 2					1	1 1	1 1
						4 4	4 4						4 4	4 4
						3 3	3 3						3 3	3 3
						3 3	3 3						2 2	2 2
						3 3	3 3						1 1	1 1
						2 2	2 2						2 2	2 2
						3	3 3						3	3 3

Tabelle 3: Nektarerzeugung von Bienenweidepflanzen

nach verschiedenen Autoren

Name deutsch Krautartige Pflanzen	**botanisch**	**Zuckergehalt des Nektars %**	**Honig kg/ha**
Ackerbohne	*Vicia faba*	–	25
Andorn, Gewöhnlicher	*Marrubium vulgare*	–	400
Balsamine	*Impatiens glandulifera*	–	200–700
Becherpflanze	*Silphium perfoliatum*	–	550
Beinwell	*Symphytum officinalis*	–	35–100
Bohnenkraut	*Satureja*	85	300
Borretsch	*Borago officinalis*	19–52	59–211
Braunwurz, Knotige	*Scrophularia nodosa*	–	600–900
Buchweizen	*Fagopyrum esculentum*	7–45	90–490
Büschelschön	*Phacelia tanacetifolia*	22–43	214–496
Buschmalve	*Lavatera*	12–18	57–170
Dahlie	*Dahlia variabilis*	–	180
Diptam	*Dictamnus albus*	–	150–200
Dost	*Origanum vulgare*	30–76	500–900
Drachenkopf	*Dracocephalum*	36–42	129–650
Duftnessel	*Agastache spec.*	–	400–900
Ehrenpreis, Ähriger	*Veronica spicata*	40	–
Eibisch	*Alcea officinalis*	44	97
Engelwurz	*Angelica*	–	150–300
Erdbeere	*Fragaria ananassa*	45	–
Erdbeere, Wald-	*Fragaria vesca*	26–31	–
Eselsdistel	*Onopordum acanthium*	–	110
Esparsette	*Onobrychis viciifolia*	26–52	75–200
Färberwaid	*Isatis tinctoria*	–	60–80
Fetthenne, Sibirische	*Sedum kamtschaticum*	–	270
Fingerhut, Roter	*Digitalis purpurea*	–	180–200
Flockenblume, Berg-	*Centaurea montana*	–	200–400
Flockenblume, Scabiosen-	*Centaurea scabiosa*	–	500
Flockenblume, Gewöhnliche	*Centaurea jacea*	45	154–200
Gamander	*Teucrium*	61	700

Name deutsch	botanisch	Zuckergehalt des Nektars %	Honig kg/ha
Gelenkblume	*Physostegia virginiana*	–	460
Glockenblume, Marien-	*Campanula medium*	–	150–400
Goldnessel, Echte	*Lamium galeobdolon*	34	12–20
Goldrute, Kanadische	*Solidago canadensis*	–	600–900
Goldrute, Späte	*Solidago gigantea*	38	179–800
Günsel, Kriechender	*Ajuga reptans*	–	120
Gurke	*Cucumis sativa*	–	2–3
Hederich	*Raphanus raphanistrum*	45–71	24–56
Herbstlöwenzahn	*Leontodon*	7–45	–
Herbst-Sonnenbraut	*Helenium autumnale*	–	450
Herbstzeitlose	*Colchicum autumnale*	–	25
Herzgespann, Echtes	*Leonurus cardiaca*	–	300–500
Himmelsleiter	*Polemonium caeruleum*	–	50–150
Hornklee	*Lotus corniculatus*	13–66	16–60
Hundszunge	*Cynoglossum*	36–65	120–160
Karde, Wilde	*Dipsacus fullonum*	–	200–400
Katzenminze, Gewöhnliche	*Nepeta cataria*	–	100–200
Katzenminze, Kahle	*Nepeta nuda*	–	600–900
Klee, Bastard-	*Trifolium hybridum*	43	44–120
Klee, Inkarnat-	*Trifolium incarnatum*	31–60	60–140
Klee, Persischer	*Trifolium resupinatum*	–	100
Klee, Rot-	*Trifolium pratense*	17–70	20–150
Klee, Weiß-	*Trifolium repens*	25–64	92–100
Knöterich, Sachalin-	*Raynoutria sachalinensis*	–	250
Knöterich, Wiesen-	*Bistorta officinalis*	–	350
Kohlarten	*Brassica spec.*	56	–
Kohlrabi	*Brassica oleracea gongylodes*	31	123–171
Koriander	*Coriandrum sativum*	–	100–150
Kornblume	*Centaurea cyanus*	31–60	350–600
Kürbis	*Cucurbita pepo*	16–65	30–50
Kugeldistel	*Echinops*	–	300–900
Lein	*Linum usitatissimum*	26–49	2–12

Name deutsch	botanisch	Zuckergehalt des Nektars %	Honig kg/ha
Liebstöckel	*Levisticum officinale*	–	300–500
Löwenzahn	*Taraxacum officinale*	43–55	20
Lungenkraut	*Pulmonaria officinalis*	–	30–40
Lupine	*Lupinus angustifolius*	–	9–26
Lupine, Gelbe	*Lupinus luteus*	–	26
Luzerne	*Medicago sativa*	17–60	35–160
Malve, Wilde	*Malva sylvestris*	45	26–160
Mannstreu, Flachblättriger	*Eryngium planum*	40–60	250–800
Melisse, Zitronen-	*Melissa officinalis*	–	50–100
Minze, Bergamot-	*Mentha piperita*	–	100–200
Minze, Ross-	*Mentha longifolia*	–	400–900
Natternkopf, Gewöhnlicher	*Echium vulgare*	17–43	182–429
Natternkopf, Kretischer	*Echium creticum*	–	200–700
Ochsenzunge, Gewöhnliche	*Anchusa officinalis*	40–58	170–500
Radieschen	*Raphanus sativus*	31	–
Raps	*Brassica napus*	20–59	40–230
Rauke	*Sisymbrium polymorphum*	–	300–400
Rauke, Öl-	*Eruca sativa*	36–56	87–125
Rauke, Senf-, Rucola	*Eruca versicaria*	–	40–80
Resede	*Reseda*	–	80–300
Rübsen	*Brassica rapa*	16–52	32–60
Salbei, Hain-	*Salvia nemorosa*	20–66	190–600
Salbei, Quirlblättriger	*Salvia verticillata*	–	200–300
Salbei, Wiesen-	*Salvia pratensis*	–	190
Scheinsonnenhut	*Echinacea*	–	190
Schnittlauch	*Allium*	45–50	–
Schwarzkümmel	*Nigella damascena*	–	45
Seidenpflanze, Gewöhnliche	*Asclepias syriaca*	–	400–900
Seidenpflanze, Rote	*Asclepias incarnata*	–	200–500
Senf, Acker-	*Sinapis arvense*	17–73	17–38
Senf, Weißer	*Sinapis alba*	19–68	22–100
Sonnenblume	*Helianthus annuus*	50–80	30–50
Steinklee, Echter	*Melilotus officinalis*	35	100–300

Name deutsch	botanisch	Zuckergehalt des Nektars %	Honig kg/ha
Steinklee, Weißer	*Melilotus alba*	35–60	200–600
Stockrose	*Alcea*	20	116–261
Storchschnabel, Wiesen-	*Geranium pratense*	57–71	28–80
Strauchpappel, Thüringische	*Lavatera thuringiaca*	–	80–170
Taubnessel, Gefleckte	*Lamium maculatum*	56	95
Taubnessel, Weiße	*Lamium album*	29–38	173–203
Thymian, Feld-	*Thymus serpyllum* und *T. pulegioides*	–	48–161
Thymian, Garten-	*Thymus vulgaris*	27–45	125–200
Wasserdost	*Eupatorium cannabinum*	–	160
Weidenröschen, Schmalblättriges	*Epilobium angustifolium*	44–63	140–240
Wegwarte	*Cichorium intybus*	–	30
Weiderich	*Lythrum spec.*	52–72	200–265
Winterling	*Eranthis hyemalis*	26	–
Witwenblume	*Knautia*	20	270
Ziest, Woll-	*Stachys lanata*	–	140
Zottelwicke	*Vicia villosa*	–	50
Zwiebel, Küchen-	*Allium cepa*	50–70	35–200
Gehölze			
Ahorn, Berg-	*Acer pseudoplatanus*	37–46	50–550
Ahorn, Feld-	*Acer campestre*	41	50–200
Ahorn, Spitz-	*Acer platanoides*	30–50	100–420
Ahorn, Tataren-	*Acer tataricum*	–	40–80
Alpenrose	*Rhododendron*	24–30	–
Apfel	*Malus domestica*	30–87	10–20
Birne	*Pyrus communis*	14–48	–
Blasenspiere	*Physocarpus opulifolius*	–	65
Blasenstrauch	*Colutea arborescens*	–	50–100
Bocksdorn	*Lycium halimifolium*	–	20
Brombeere	*Rubus spec.*	49	15–26
Buschmalve	*Lavatera*	12–18	57–170
Eberesche	*Sorbus aucuparia*	25	20

Name deutsch	botanisch	Zuckergehalt des Nektars %	Honig kg/ha
Efeu	*Hedera helix*	13–16	230–340
Erbsenstrauch	*Caragana arborescens*	34	50–350
Faulbaum	*Frangula alnus*	15–58	35–80
Flieder, Japanischer	*Syringa japonica*	–	80
Götterbaum	*Ailanthus altissima*	–	40–300
Heckenkirsche, Rote	*Lonicera xylosteum*	38–46	26–120
Heckenkirsche, Tatarische	*Lonicera tatarica*	–	45
Heide, Besen-	*Calluna vulgaris*	20–47	2–120
Heidelbeere	*Vaccinium*	20–61	30–130
Himbeere	*Rubus idaeus*	21–70	39–122
Hopfenstrauch	*Ptelea trifoliata*	–	20–50
Johannisbeere, Rote	*Ribes rubrum*	16–32	–
Johannisbeere, Schwarze	*Ribes nigrum*	9–26	29–70
Jungfernrebe	*Parthenocissus tricuspidata*	29–67	188–300
Kirsche, Trauben-	*Prunus serotina*	–	20–30
Kirsche, Vogel-	*Prunus avium*	40	20–40
Kirsch-Pflaume	*Prunus cerasifera*	–	30
Korkbaum, Amur-	*Phellodendron amurense*	–	110–200
Lavendel, Echter	*Lavandula angustifolia*	21–48	200–300
Lederhülsenbaum	*Gleditsia*	–	85–250
Liguster	*Ligustrum vulgare*	34–40	20
Linde	*Tilia spec.*	26–47	50–600
Linde, Silber-	*Tilia tomentosa*	–	150
Linde, Sommer-	*Tilia platyphyllos*	–	200
Ölweide	*Elaeagnus angustifolia*	33	20–100
Pfirsich	*Prunus persica*	12–42	10
Pflaume und Zwetschge	*Prunus spec.*	19–35	10–30
Preiselbeere	*Vaccinium*	1–12	–
Raute, Wein-	*Ruta graveolens*	–	80–450
Robinie	*Robinia pseudoacacia*	34–67	50–1000
Rosskastanie, Rote	*Aesculus x carnea*	43	50–120
Rosskastanie, Weiße	*Aesculus hippocastanum*	40–76	50–383

Name deutsch	botanisch	Zuckergehalt des Nektars %	Honig kg/ha
Salbei, Echter	*Salvia officinalis*	20–60	200–350
Scheinquitte, Japanische	*Chaenomeles japonica*	49	306
Schlehe	*Prunus spinosa*	–	25–40
Schneebeere	*Symphoricarpos albus*	20–60	80–400
Schnurbaum, Japanischer	*Sophora japonica*	39–48	50–300
Seidelbast	*Daphne mezereum*	20–30	–
Stachelbeere	*Ribes uva-crispa*	16–82	20–30
Stinkesche	*Tetradium daniellii*	–	200–300
Thymian, Echter	*Thymus vulgaris*	25–50	100–200
Ulme	*Ulmus foliacea*	–	10
Unform	*Amorpha fruticosa*	–	50–80
Weide	*Salix spec.*	12–60	25–150
Weide, Hybrid-, Korb- u. Ägyptische	*Salix sepulcralis, viminalis, aegyptiaca*	53–78	–
Weide, Kübler-	*Salix daphnoides*	48–63	–
Weide, Sal-	*Salix caprea*	66–79	25–35
Weißdorn	*Crataegus spec.*	–	15–200
Ysop	*Hyssopus officinalis*	–	200–400
Zwergmispel, Glänzende	*Cotoneaster lucidus*	–	80–340

Tabelle 4: Ertragsunterschiede nach Ergebnissen verschiedener Autoren aus Isolierversuchen mit Gazekäfigen

Nutzpflanzenart		**Ergebnisse in Prozent**			
Krautartige Pflanzen		**Ausschluss aller Insekten**	**Ausschluss von Honigbienen, aber Zugang für kleinere Insekten**	**Unter Käfigen mit Honigbienen**	**frei abgeblüht**
Name deutsch	*botanisch*				
Ackerbohne	*Vicia faba*	22–67	–	–	100
		23–100	74–81	100	137
Buchweizen	*Fagopyrum esculentum*	0	–	–	100
		27	24–53	100	144
Büschelschön	*Phacelia tanacetifolia*	–	12–62	100	119
Erdbeere	*Fragaria ananassa*	60	–	–	100
Esparsette	*Onobrychis viciifolia*	0	–	–	100
		0	0–14	100	219
Hornklee	*Lotus corniculatus*	–	0–27	100	380
Klee, Bastard-	*Trifolium hybridum*	0–13	–	–	100
		0	0–8	100	135
Klee, Inkarnat-	*Trifolium incarnatum*	10–33	–	–	100
		25–29	3–14	100	100
Klee, Rot-	*Trifolium pratense*	0	–	–	100
		0–1	1–34	100	172
Klee, Weiß-	*Trifolium repens*	0–9	–	–	100
		–	9–19	100	79
Luzerne	*Medicago sativa*	0–29	–	–	100
		1–81	0–68	100	178
Möhre	*Daucus carota*	0–1	2–33	100	100
Mohn, Schlaf-	*Papaver somniferum*	50–95	–	–	100

Nutzpflanzenart		Ergebnisse in Prozent			
Krautartige Pflanzen		**Ausschluss aller Insekten**	**Ausschluss von Honigbienen, aber Zugang für kleinere Insekten**	**Unter Käfigen mit Honigbienen**	**frei abgeblüht**
Name deutsch	*botanisch*				
Raps	*Brassica napus*	69–72	–	–	100
		56–84	36–72	100	114
Rübsen	*Brassica rapa*	0	–	–	100
		31	66	100	157
Senf, Weißer	*Sinapis alba*	59	–	–	100
		29–43	51–75	100	127
Serradella	*Ornithopus sativus*	10	–	–	100
		–	15–71	100	645
Sonnenblume	*Helianthus annuus*	0–32	–	–	100
		26–47	70–86	100	95
Steinklee, Weißer	*Melilotus alba*	22	–	–	100
		10	0–6	100	350
Wicke, Winter-	*Vicia villosa*	0–37	30	–	100
		0–4	3–40	100	103
Gehölze					
Apfel	*Malus domestica*	–	0–29	–	100
		2–73	–	100	111
Birne	*Pyrus communis*	0–18	–	–	100
Johannisbeere, Garten-	*Ribes spec.*	13–56	–	–	100
Johannesbeere, Schwarze	*Ribes nigrum*	6–40	–	–	100
Pfirsich	*Prunus persica*	50	–	–	100
Pflaumen	*Prunus domestica*	11–25	–	–	100
Stachelbeere	*Ribes uva-crispa*	4–41	–	–	100

Tabelle 5: Honigtau-Erzeuger

Die im europäischen Verarbeitungsgebiet wichtigen Honigtauerzeuger können nach folgender Übersicht eingeordnet werden:

Klasse	**Insecta (Insekten)**
Überordnung	*Hemipteroida* oder *Rhynchota* (Schnabelkerfe)
Ordnung	*Homoptera* (Pflanzensauger)
Unterordnung	*Auchenorrhyncha* (Zikaden)
Unterordnung	*Sternorrhyncha* (Pflanzenläuse)
Gruppe	*Aleyrodina* (Mottenschildläuse)
Gruppe	*Psyllina* (Blattflöhe)
Familie	*Psyllidae*
Gattung	*Psylla*
Gruppe	*Coccina* (Schildläuse)
Familie	*Pseudococcidae* (Schmierläuse)
Gattungen	*Phenacoccus, Paroudablis, Eriococcus*
Familie	*Kermidae* (Karmesinschildläuse)
Gattung	*Kermes*
Familie	*Lecanidae* (Napfschildläuse)
Gattungen	*Eulecanium, Pulvinaria, Physokermes*
Gruppe	*Aphidina* (Blattläuse)
Familie	*Lachnidae* (Baum- oder Rindenläuse)
Gattungen	*Cinara, Schizolachnus, Eulachnus, Tuberolachnus, Lachnus, Stomaphis*
Familie	*Pemphigidae* (Blasenläuse)
Gattungen	*Eriosoma, Prociphilus*
Familie	*Thelaxidae* (Maskenläuse)
Gattungen	*Glyphina, Thelaxes*
Familie	*Callaphididae* (Zierläuse)

Gattungen	*Drepanosiphum, Symydobius, Clethrobius, Euceraphis, Phyllaphis, Callipterinella, Betulaphis, Callaphis, Eucallipterus, Myzocallis, Tuberculoides*
Familie	*Chaitophoridae* (Borstenläuse)
Gattungen	*Periphyllus, Chaitophorus*
Familie	*Aphididae* (Röhrenläuse)
Gattungen	*Pterocomma, Hyalopterus, Aphis, Brachycaudus, Myzus*

Tabelle 6: Gehölze und die auf ihnen lebenden Honigtau-Erzeuger

Wirtspflanze		**Honigtau-Erzeuger**
deutsch	**botanisch**	**deutsch**
Ahorn	*Acer spec.*	Ahornschmierlaus
		Große kugelige Napfschildlaus
		Gemeine Napfschildlaus
		Feldahornborstenlaus
		Europäische Ahornborstenlaus
		Dunkle Spitzahornborstenlaus
		Bergahornborstenlaus
		Gelbbraune Spitzahornborstenlaus
		Norwegische Ahornborstenlaus
		Gemeine Ahornzierlaus
Apfelbaum	*Malus spec.*	Apfelblattfloh
Birnbaum	*Pyrus communis*	Birnblattflöhe
Birke	*Betula spec.*	Wollige Napfschildlaus
		Braune Birkenrindenzierlaus
		Schmale braune Rindenzierlaus
		Große Birkenzierlaus
		Dreifarbig bunte Birkenzierlaus
		Grüne Birkenzierlaus
		Blassgrüne kleine Birkenzierläuse
		Birkenmaskenlaus
Eiche	*Quercus spec.*	Eichenstammschildlaus
		Eichennapfschildlaus
		Schwarzglänzende Eichenrindenlaus
		Braunschwarze Eichenrindenlaus
		Eichenzierläuse
		Eichenmaskenlaus

Honigtau-Erzeuger	
zoologisch	**Vorkommen**
Phenacoccus aceris Sign.	Rinde
Eulecanium coryli L.	Rinde
Eulecanium corni Bché	Rinde
Periphyllus obscurus Mamontova	Stiele von Blüten und sich öffnenden Blättern
Periphyllus testudinaceus Fernie	
Periphyllus coracinus Koch	Blätter
Periphyllus acericola Walk.	Blätter
Periphyllus aceris L.	Blätter
Periphyllus lyropictus Kessler	Blätter
Drepanosiphum platanoides Schrk.	Blätter
Psylla mali Schmidt	Junglarven: junge, sich entfaltende Blattbüschel und Triebspitzen; ältere Larven: Blätter, Blatt- und Blütenstiele
Aphis pomi Deg.	Sich öffnende Blattknospen
Psylla piri L.	Knospen, Stängel, Blätter, Blatt- und Fruchtstiele
Psylla piricola Först.	
Psylla pyrisuga Först.	
Pulvinaria vitis L.	Rinde
Symidobius oblongus v. Heyd.	Rinde
Chlethrobius comes Walk.	Rinde
Euceraphis punktipennis Zett.	Blätter und Triebspitzen
Callipterinella tuberculata v. Heyd.	Blätter und Triebspitzen
Callipterinella calliptera Htg.	Blätter und Triebspitzen
Betulaphis quadrituberculata Kalt.	Blätter und Triebspitzen
Betulaphis brevipilosa Börn.	Blätter und Triebspitzen
Glyphina betulae L.	Blätter und Triebspitzen
Kermes quercus L.	Borkenrisse von Stämmen
Eulecanium rufulum Ckll.	Jüngere Zweige
Lachnus longirostris Mordv.	Rinde
Lachnus roboris L.	Rinde
Tuberculoides annulatus Htg.	Blätter
Tuberculoides quercus Kalt.	Blätter
Thelaxes dryophila Schrk.	Jungtriebe, junge Früchte und Blattstiele

Wirtspflanze		Honigtau-Erzeuger
deutsch	**botanisch**	**deutsch**
Erle	*Alnus spec.*	Erlenblattfloh
		Gemeine Napfschildlaus
		Große kugelige Napfschildlaus
		Große Weidenrindenlaus
		Schmale braune Rindenzierlaus
		Erlenblattzierläuse
Esche	*Fraxinus excelsior*	Gemeine Napfschildlaus
		Erlenmaskenlaus
		Eschenblattnestlaus
		Eschenzweiglaus
Esskastanie	*Castanea sativa*	Eichennapfschildlaus
		Edelkastanienrindenlaus
		Esskastanienzierlaus
Fichte	*Picea spec.*	Fichtennadel-Schmierlaus
		Kleine Fichtenquirlschildlaus
		Rotbraun bepuderte Fichtenrindenlaus
		Grüngestreifte Fichtenrindenläuse
		Graugrün gescheckte Fichtenrindenlaus
		Große Schwarze Fichtenrindenlaus
		Stark bemehlte Fichtenrindenlaus
Hainbuche	*Carpinus betulus*	Gemeine Napfschildlaus
		Große kugelige Napfschildlaus
		Hainbuchenzierlaus
Haselnuss	*Corylus avellana*	Gemeine Napfschildlaus
		Große kugelige Napfschildlaus
		Haselnusszierlaus
Kiefer	*Pinus spec.*	Schlanke flinke Kiefernnadellaus
		Breite bemehlte Kiefernnadellaus
		Große braune Kiefern- oder Latschenrindenlaus
		Gelbbraun gepanzerte Schwarzkiefernrindenlaus
		Neuberger Latschenrindenlaus
		Bronzefarbene Kiefernwipfellaus
		Schlanke schwarzgraue Kiefern- oder Latschenrinder

Honigtau-Erzeuger	
zoologisch	**Vorkommen**
Psylla alni L.	Rinde
Eulecanium corni Bché	Rinde
Eulecanium coryli L.	Rinde
Tuberolachnus salignus Gmel.	Rinde
Clethrobius comes Walk.	Rinde
Pterocallis maculata v. Heyd.	Blätter
Pterocallis alni Deg.	Blätter
Pterocallis albida Börn.	Blätter
Eulecanium corni Bché	Rinde
Glyphina schrankiana Börn.	Grüne Triebenden
Prociphilus fraxini Geoffr.	Junge Blätter und Blattstiele
Prociphilus bumeliae Schrk.	Junge Blätter und Blattstiele
Eulecanium rufulum Ckll.	Jüngere Zweige
Lachnus longipes Dufour	einjähriges und älteres Holz
Myzocallis castanicola Bak.	Blätter
Paroudablis piceae Löw.	Nadeln
Physokermes hemicryphus Dalm	Zweiggabelungen
Cinara pilicornis Htg.	Rinde
Cinara piceicola Chol.	Rinde
Cinara stroyani Pasek	Rinde
Cinara bogdanowi Mordv.	Rinde
Cinara piceae Panz.	Rinde
Cinara costata Zett.	Rinde
Eulecanium corni Bché	Rinde
Eulecanium coryli L.	Rinde
Myzocallis carpini Koch	Blätter
Eulecanium corni Bché	Rinde
Eulecanium coryli L.	Rinde
Myzocallis coryli Goeze	Blätter
Eulachnus agilis Kalt.	Nadeln
Schizolachnus pineti F.	Nadeln
Cinara pinea Mordv.	Rinde
Cinara brauni Börn.	Rinde
Cinara neubergi Arnh.	Rinde
Cinara nuda Mordv.	Rinde
Cinara pini L.	Rinde

Wirtspflanze		Honigtau-Erzeuger
deutsch	**botanisch**	**deutsch**
Kirsche	*Prunus spec.*	Schwarze Sauerkirschenlaus
Lärche	*Larix decidua*	Gefleckte, warzig-borstige Lärchenrindenlaus
		Graubraune Lärchenrindenlaus
		Große Lärchenrindenlaus
Pappel	*Populus spec.*	Gemeine Napfschildlaus
		Große kugelige Napfschildlaus
		Wollige Napfschildlaus
		Pappelborstenlaus
		Pappelröhrenlaus
Pfirsich	*Prunus persica*	Mehlige Pfirsichblattlaus
		Schwarzgefleckte Pfirsichblattlaus
		Grüne Pfirsichblattlaus
Pflaume	*Prunus domestica*	Gemeine Napfschildlaus
		Große Pflaumenblattlaus
		Mehlige Pflaumenblattlaus
Lebensbaum	*Thuja occidentalis*	Lebensbaumnapfschildlaus
		Lebensbaumrindenlaus
Linde	*Tilia spec.*	Große kugelige Napfschildlaus
		Lindenzierlaus
Rotbuche	*Fagus sylvatica*	Buchenrindenlaus
		Wollige Buchenzierlaus
Ulme	*Ulmus spec.*	Ulmenblattfloh
		Ulmenwollschildlaus
		Gemeine Napfschildlaus
		Ulmenblattlaus
Wacholder	*Juniperus spec.*	Wacholderrindenlaus
Walnussbaum	*Juglans regia*	Gestreifte Waldnusszierlaus
Weide	*Salix spec.*	Große Weidenrindenlaus
		Große Weidenborkenlaus
		Graubraune Weidenröhrenlaus
		Bunte Weidenröhrenlaus
Weißtanne	*Abies alba*	Kleine Fichtenquirlschildlaus
		Grüne Tannenhoniglaus
		Große Schwarze Fichtenrindenlaus
		Große Fichtenquirlschildlaus
Zirbelkiefer	*Pinus cembra*	Dunkle Zirbelrindenlaus

Honigtau-Erzeuger	
zoologisch	**Vorkommen**
Myzus cerasi F.	Stammausschläge, Jungbäume
Cinara laricis Htg.	Rinde
Cinara boerneri H.R.L.	Rinde
Cinara kochiana Börn.	Rinde
Eulecanium corni Bché	Rinde
Eulecanium coryli L.	Rinde
Pulvinaria vitis L.	Rinde
Chaitophorus populeti Panz.	Rinde
Pterocomma populeum Kalt.	Rinde
Hyalopterus amygdali Blanch.	Blätter
Brachycaudus schwartzi Börn.	Blätter
Myzus persicae Sulz.	Blätter
Eulecanium corni Bché	Rinde
Brachycaudus cardui L.	Stammmütter: Knospen; F-Generationen: Blätter
Hyalopterus pruni Geoffr.	Blätter; Schilf als Sommerwirt
Eulecanium fletcheri Ckll.	Zweigunterseite
Cinara juniperina Mordv.	Nadelunterseiten, Zweige, Äste
Eulecanium coryli L.	Rinde
Eucallipterus tiliae L.	Blätter
Lachnus pallipes Htg.	Rinde
Phyllaphis fagi L.	Blätter und Triebspitzen
Psylla ulmi Frst.	Blätter
Eriococcus spurius Mod.	Rinde
Eulecanium corni Bché	Rinde
Eriosoma ulmi L.	Blätter
Cinara juniperi Deg.	Rinde
Callaphis juglandis Goeze	Blätter
Tuberolachnus salignus Gmel.	Rinde
Stomaphis longirostris F.	Rindenrisse
Pterocomma pilosum Bckt.	Rinde, Triebspitze
Pterocomma salicis L.	Grüne Rinde
Physokermes hemicryphus Dalm	Rinde
Cinara pectinatae Nördl.	Rinde
Cinara piceae Panz.	Rinde
Physokermes piceae Schrk.	Rinde
Cinara cembrae Chol.	Rinde

QUELLENVERZEICHNIS

Aichele, D. und M. Golte-Bechtle: Was blüht denn da? Kosmos, Stuttgart 1986.

Aichele, D.: Was blüht denn da? Der Fotoband. Kosmos, Stuttgart 2004.

Aichele, D. und H.-W. Schwegler: Die Blütenpflanzen Mitteleuropas. Kosmos, Stuttgart 2004.

Albrecht, H.-J. und G. Pritsch: Bienenweidegehölze. VE Kombinat Pflanzenzüchtung und Saatgutwirtschaft, Quedlinburg 1988.

Banfi, E. und F. Consolino: Bäume. Kaiser, Klagenfurt 2003.

Cheers, G. (Hrsg.): Botanica. Könemann, Köln 1998.

Dengg, O.: Kleiner Blüten-Trachtweiser. Liedloff, Loth & Michaelis, Leipzig 1953.

Fossel, A. und H. Pechhacker (Hrsg.): Bienen und Blumen. Eigenverlag, Lunz am See 2000.

Hodges, D.: The Pollen Loads of the Honeybee. Bee Research Ass. Ltd., London 1952.

Höhn, R.: Das Pflanzenporträt (Serie). Neue Bienenzeitung 1990–1992; Deutsches Bienen Journal 1993–2006.

Jablonski, B. und Z. Koltowski: Nektar secretion and honey potential plants under Poland's conditions (Serie). Journal of Apicultural Science 45–49; 2001-2005.

Jaesch, B.: Immengarten-Sortiment. Springe-Benningsen, 2005.

Kirk, W.D.J.: Ein Farbenführer für die Pollenhöschen der Honigbiene. International Bee Research Association, Cardiff 1994.

Koltowski, Z.: Wielki Atlas Roslin Miododajnych. Rzeczpospolita,Warszawa 2006.

Maurizio, A. und F. Schaper: Das Trachtpflanzenbuch. Ehrenwirth, München 1994.

Mayer, J. und H.-W. Schwegler: Welcher Baum ist das? Kosmos, Stuttgart 2002.

Meyerhoff, G.: Bäuerliche Bienenweide. Deutscher Bauernverlag, Berlin 1955.

Phillips, R.: Bäume. Kosmos, Stuttgart 2004.

Pritsch, G.: Verbesserung der Bienenweide. Deutscher Bauernverlag, Berlin 1959.

Pritsch, G.: Unser Pflanzenporträt (Serie). Leipziger Bienenzeitung, vereinigt mit Deutsche Imkerzeitung 1961-1962; Garten und Kleintierzucht – Ausgabe C für Imker 1962–1968.

Pritsch, G.: Bienenweide. VEB Deutscher Landwirtschaftsverlag, Berlin 1985.

Rogers, J. und K. Scarlet (Hrsg): Garten Enzyklopädie. Verlagsgruppe Weltbild, Augsburg 2002.

Seyffert, W.: Stauden. VEB Deutscher Landwirtschaftsverlag, Berlin 1981.

Throll, A.: Was blüht im Garten? Kosmos, Stuttgart 2005.

Zander (W. Erhardt, E. Götz, N. Bödeker, S. Seybold): Handwörterbuch der Pflanzennamen. Ulmer, Stuttgart 2014.

ZUM WEITERLESEN

Zum Weiterlesen finden sie hier eine Auswahl an Imkerbüchern aus dem Kosmos-Verlag.

Adam, Bruder: Meine Betriebsweise.

Bienefeld, Kaspar (Hrsg.): Imkern Schritt für Schritt.

Gerstmeier, David und Tobias Miltenberger: Ökologische Bienenhaltung.

Petrausch, Georg: Imkern in der Stadt.

Pohl, Friedrich: 1 x 1 des Imkerns.

Pohl, Friedrich: Bienenkrankheiten.

Pohl, Friedrich: Moderne Imkerpraxis.

Pohl, Friedrich: Varroose erkennen und erfolgreich behandeln.

Pohl, Friedrich (Hrsg.): Bienenkieste, Korb und Einfachbeute.

Pohl, Friedrich und Jörg Knuppertz: Imkern rückenschonend und kraftsparend.

Spiewok, Sebastian: Imkern als Hobby.

Staemmler, Gert: Imkern rund ums Jahr.

Weber, Johannes: Bienen halten mit der Bienenbox.

Weiß, Karl: Der Wochenend-Imker.

IMKERZEITSCHRIFTEN

Bienen & Natur: www.bienenundnatur.de

Deutsches Bienen Journal: www.boenenjournal.de

Die neue Bienenzucht: www.imkerschule-sh.de

Bienenpflege: www.lvwi.de

Bienen aktuell: www.bienenaktuell.com

Schweizerische Bienen-Zeitung: www.bienen.ch

Das Bienenmütterchen: www.sklenarbund.de

Imkern heute: www.dieoststeirische.at

NÜTZLICHE ADRESSEN

Deutscher Imkerbund e. V. (D.I.B.)
Villiper Hauptstr. 3
53343 Wachtberg
Tel. (02 28) 93 29 2-0
www.deutscherimkerbund.de
Die Landesverbände finden Sie auf der Internetseite.

Österreichischer Imkerbund
Georg-Coch-Platz 3/11a
A-1010 Wien
www.imkerbund.at

Institut für Bienenkunde Celle
Herzogin-Eleonore-Allee 5
D-29221 Celle
www.bieneninstitut.de

Länderinstitut für Bienenkunde
Hohen Neuendorf e.V.
Friedrich-Engels-Str. 32
D-16540 Hohen Neuendorf
www.honigbiene.de

Bieneninstitut Kirchhain
Erlenstrasse 9
D-35274 Kirchhain
www.llh.hessen.de/bildung/bieneninstitut-kirchhain/

Fachzentrum für Bienen und Imkerei
Im Bannen 38
D-56727 Mayen
www.bienenkunde.rlp.de

APIS e.V.
Nevinghoff 40
D-48147 Münster
www.apis-ev.de

Landesanstalt für Bienenkunde
an der Universität Hohenheim
August-von-Hartmann-Str. 13
D-70593 Stuttgart
https://bienenkunde.uni-hohenheim.de

Institut für Bienenkunde und Imkerei
An der Steige 15
D-97209 Veitshöchheim
www.lwg.bayern.de/bienen

Bundesamt und Forschungszentrum für Landwirtschaft
Institut für Bienenkunde
Spargelfeldstr. 191
A-1226 Wien

Schweizerisches Zentrum für Bienenforschung
www.apis.admin.ch

REGISTER

Fette Ziffern weisen auf Abbildungen hin. Die Zahlen in Klammern beziehen sich auf die Zeilenzahl auf der jeweiligen Seite.

***A**belia* 272 (60)
Abelie 272 (60)
Abeliophyllum 268 (6)
Abies alba 292
Acer 268 (9, 19, 22), 270 (40, 46), 288
Acer campestre 281
Acer negundo **227**
Acer platanoides **228**, 281
Acer pseudoplatanus **226**, 281
Acer tataricum 281
Achillea 262 (96)
Achillea millefolium **143**
Ackerbohne 262 (103), 278, 284
Ackersenf 262 (73)
Ackerwinde 262 (88)
Aconitum 266 (150)
Actinidia 270 (44)
Adonis 258 (17)
Adonisröschen 258 (17)
Aegopodium 262(103)
Aegopodium podagraria **54**
Aesculus 270 (37), 272 (59), 274 (93), 282
Aesculus hippocastanum **229**, 282
Agastache 264 (123), 278
Agastache rugosa **168**
Ageratum 262 (97)
Agrimonia 266 (143)
Agrimonia eupatoria **213**
Ahorn **226 ff.**, 268 (9, 19, 22), 270 (40), 281, 288
Ailanthus 274 (77)
Ailanthus altissima **44**, 282
Ajuga 258 (31)
Ajuga reptans 279
Akebia 270 (30)
Akelei **74**, 260 (59)
Alant **114**, 264 (124)
Alcea 264 (134), 281
Alcea officinalis 278
Alcea rosea **181**
Allium 260 (61), 280
Allium aflatunense **37**
Allium cepa **39**, 281
Allium moly **36**
Alnus 268 (14), 290
Alpenrose 272 (54), 281
Alraunenwurzel 258 (24)
Alyssum 258 (20)
Amberbaum 270 (41)
Amelanchier 270 (26)
Amorpha 274 (77)
Amorpha fruticosa **104**, 283
Ampfer 260 (48)
Anaphalis **139**, 266 (144)
Anchusa 260 (70)
Anchusa officinalis 280
Andorn **165**, 262 (106), 278
Anemone 258 (10), 266 (168)
Anemone sylvestris **82**
Anethum 264 (114)
Anethum graveolens **52**
Angelica 264 (122), 278
Angelica archangelica **53**
Angelikabaum 276 (114)
Anthemis 264 (114)
Anthemis tinctoria **131**
Anthriscus 258 (22)
Anthyllis 260 (56)
Anthyllis vulneraria **105**
Apfel **201**, 270 (28, 29), 281, 285, 288
Apfelbeere 272 (50)
Aprikose 268 (18)
Aquilegia **74**, 260 (59)
Arabis 258 (9)
Aralia 276 (114)
Arbutus 276 (113)
Arctium 266 (158)
Arctium tomentosum **132**
Armeria 264 (115)
Arnica 262 (84)
Aronia 272 (50)
Artemisia 266 (166), 276 (104)
Aruncus 262 (74)
Asclepias 274 (86)
Asclepias curassavica **107**
Asclepias incarnata 280
Asclepias syriaca **108**, 280
Asparagus 264 (111)
Asparagus officinalis **236**
Aster **115 f.**, 258 (22), 264 (131), 266 (162)
Aster ericoides **115**
Aster novae-angliae **116**
Astilbe **242**, 264 (131)
Astilbe chinensis **242**
Astragalus 262 (80)
Astrantia 262 (96)
Atropa 262 (78)
Aubrieta 258 (16)
Augentrost 266 (150)
Azalee **87**, 272 (54)

Backenklee 272 (53)
Baldrian **61**, 264 (107)
Baldriangesicht 262 (85)
Ballonblume **68**, 264 (142)
Balsamine 278
Bärenklau 264 (113)
Bartblume **166**, 276 (109)
Bartfaden 266 (150)
Basilienkraut 264 (116)
Baumaralie 274 (96)
Becherpflanze **117**, 266 (159), 278
Begonia 262 (99)
Begonie 262 (99)
Beifuß 266 (166)
Beinwell 260 (62), 278
Berberis 270 (42)
Berberis thunbergii **41**
Berberitze **41**, 270 (42)
Bergenia 258 (30)
Bergenie 258 (30)
Berg-Klee 262 (105)
Bergminze 266 (149)
Bergscharte **118**, 262 (73)
Berteroa 262 (98)
Berufkraut **122**, 262 (87)
Besenginster 272 (49)
Besen-Heide **88,** 276 (110)
Betula 268 (19), 288
Bibernelle 264 (121)
Birke 268 (19), 299
Birne 281, 285, 288
Bischofskappe 260 (46)
Bistorta 260 (47)
Bistorta officinalis **112**, 279
Blasenbaum **230**, 274 (95)
Blasenspiere **202**, 272 (74), 281
Blasenstrauch **90**, 274 (83), 281
Blauglockenbaum 270 (42)
Blaukissen 258 (16)
Blauraute 276 (112)
Blauregen 270 (39)
Blaustern **231**, 258 (6)
Blumenbinse 262 (106)
Blumen-Esche 270 (48)
Blut-Weiderich **251**
Bocksbart 260 (42)
Bocksdorn 274 (89), 281
Bohnenkraut 266 (148), 278
Borago 262 (86)
Borago officinalis **194**, 278
Borretsch **194**, 262 (86), 278
Brachyglottis 264 (128)
Brassica napus **158**, 258 (27, 34), 260 (35, 36), 279, 280, 285
Brassica oleracea 260 (55), 279
Brassica rapa 258 (27), 260 (35), 280, 285
Braunelle 264 (121)
Braunwurz 262 (94), 278

Brombeere **203**, 272 (65), 281
Brugmansia 276 (103)
Brugmansia x candida **189**
Bryonia 262 (94)
Buche 270 (35)
Buchsbaum **48**, 268 (15)
Buchweizen **110**, 264 (136), 278, 284
Buddleja 272 (74), 274 (101)
Buddleja davidii **45**
Bulbodocium 258 (4)
Buphthalmum 264 (125)
Büschelschön **246**, 262 (89), 278, 284
Buschgeißblatt **62**, 274 (79)
Buschmalve 264 (134), 278, 281
Butomus 262 (106)
Buxus 268 (15)
Buxus sempervirens **48**

Calamintha 266 (149)
Calendula 264 (114)
Calendula officinalis **142**
Callicarpa 276 (103)
Calluna 276 (110)
Calluna vulgaris **88**, 282
Caltha 258 (9)
Calystegia 262 (88)
Campanula 260 (66)
Campanula medium **71**, 279
Campanula poscharskyana **70**
Campanula rapunculoides **69**
Campsis 274 (84)
Cannabis 266 (161)
Caragana 270 (41)
Caragana arborescens **91**, 282
Cardamine 258 (21)
Carlina 266 (143)
Carpinus 270 (35)
Carpinus betulus 290
Carthamus 262 (102)
Carum 260 (39)
Caryopteris 276 (109)
Caryopteris incana **166**
Cassiope 270 (25)
Castanea 274 (76)
Castanea sativa **47**, 290
Catalpa 274 (91)
Catalpa bignonioides **245**
Ceanothus 274 (101)
Ceanothus x delilianus **162**
Centaurea 260 (69)
Centaurea cyanus **133**, 279
Centaurea jacea **124**, 278
Centaurea montana **123**, 278
Centaurea scabiosa 278
Centranthus 260 (49)
Cerastium 258 (23)
Cercis 270 (25)
Cerinthe 260 (47)
Chaenomeles 270 (31)
Chaenomeles japonica **218**, 283
Chamaecyparis 268 (3)
Chelidonium 260 (52)
Chelidonium majus **184**
Chimonanthus 268 (1)
Chionodoxa 258 (8)
Chrysantheme **119**, 266 (158)
Chrysanthemum 266 (158)
Chrysanthemum x grandiflorum **119**
Chrysogonum 260 (43)
Cichorium 264 (131)
Cichorium intybus **154**, 281
Cimicifuga 266 (165)
Cirsium 262 (105), 266 (156)
Cirsium arvense **134**
Cirsium oleraceum **135**
Cistus 262 (97)
Cladrastis 270 (47)
Clarkia 264 (108)
Clematis **79**, 272 (69)
Clematis vitalba **80**
Clethra 276 (103)
Clinopodium 264 (120)
Colchicum 266 (165)
Colchicium autumnale **255**, 279
Colutea 274 (83)
Colutea arborescens **90**, 281
Consolida 262 (82)
Convolvulus 262 (88)
Convolvulus arvensis **254**
Coreopsis 262 (92)
Coreopsis lanceolata **138**
Coriandrum 266 (155)
Coriandrum sativum **55**, 280
Cornus 268 (11), 270 (46)
Cornus mas **86**
Corydalis 258 (14)
Corydalis solida **182**
Corylopsis 268 (7)
Corylus 268 (3)
Corylus avellana **43**, 290
Cosmos 264 (142)
Cosmos bipinnatus **145**
Cotinus 270 (42)
Cotoneaster 272 (57)
Cotoneaster horizontalis **221**
Cotoneaster lucidus 283
Crambe 260 (42)
Crambe abyssinica **157**
Crataegus 270 (46), 283
Crataegus monogyna **220**
Crepis 260 (51)
Crocosmia 266 (153)
Crocus 258 (2)
Crocus vernus **223 f.**
Cryptotaenia 260 (39)
Cucumis 262 (79)
Cucumis sativus **163**, 279
Cucurbita 264 (116)
Cucurbita pepo 279
Cuscuta 264 (121)
Cydonia 270 (27)
Cymbalaria 262 (94)
Cynoglossum 260 (54), 279
Cytisus 272 (49)

Dahlia **120**, 264 (142)
Dahlia variabilis 278
Dahlie **120**, 264 (142), 278
Daphne 268 (2)
Daphne mezereum **225**, 283
Darmera 258 (17)
Daucus 264 (114)
Daucus carota **58**, 284
Delphinium 262 (78)
Deutzia 274 (82)
Deutzie 274 (82)
Dianthus 262 (96)
Dickblume 264 (126)
Dictamnus 260 (58)
Dictamnus albus **198**, 278
Diervilla 274 (79)
Diervilla lonicera **62**
Digitalis 264 (107)
Digitalis purpurea 278
Dill **52**, 264 (114)
Dipsacus 266 (156)
Dipsacus fullonum 279
Diptam **198**, 260 (58), 278
Doronicum 258 (32)
Dorycnium 272 (53)
Dost **167**, 264 (139), 278
Drachenkopf 264 (133), 278
Dracocephalum 264 (133), 278
Dreimasterblume **113**, 262 (87)
Duftnessel **168**, 264 (123), 278
Duftsteinrich 264 (108)

Eberesche **204**, 270 (45), 281
Eberraute 276 (104)
Eberwurz 266 (143)
Echinacea 264 (141),280
Echinacea purpurea **144**
Echinocystis 264 (132)
Echinops 264 (122), 279
Echinops ritro **136**
Echium 264 (113)
Echium creticum 280
Echium vulgare **195**, 280

Edeldistel 264 (122)
Efeu **40**, 276 (114), 282
Ehrenpreis **247 f.**, 258 (33), 278
Eibe **59**, 268 (7)
Eibisch 278
Eiche **46**, 270 (34), 288
Eisenhut 266 (150)
Eisenkraut 266 (148)
Elaeagnus 272 (60)
Elaeagnus angustifolia **193**, 282
Elsbeere 270 (45)
Empetrum 272 (50)
Engelstrompete **189**, 276 (103)
Engelwurz **53**, 264 (122), 278
Enzian 266 (152)
Epilobium 262 (79)
Epilobium angustifolium **188**, 281
Eranthis 258 (1)
Eranthis cilicica **84**
Eranthis hyemalis **83**, 281
Erbsenstrauch **91**, 270 (41), 282
Erdbeerbaum 276 (113)
Erdbeere 262 (75), 278, 284
Erdrauch 260 (68)
Eremurus 262 (73)
Eremurus robustus **73**
Erica **89**, 266 (163), 268 (5), 274 (79), 276 (102)
Erigeron 262 (87)
Erigeron annuus **122**
Erle 268 (14), 290
Erodium 262 (75)
Eruca 260 (42)
Eruca sativa 280
Eruca versicaria 280
Eryngium 264 (122)
Eryngium planum **57**, 280
Erysimum 258 (30)
Esche 270 (34), 290
Eschscholzia 264 (118)
Eselsdistel **121**, 264 (130), 278
Esparsette **92**, 260 (55), 278, 284
Essigbaum **244**, 272 (75)
Esskastanie **47**, 274 (76), 290
Euodia 276 (107)
Euodia daniellii **199**
Euonymus 272 (49)
Eupatorium 264 (139)
Eupatorium cannabinum **153**, 281
Euphorbia 262 (75)
Euphrasia 266 (150)
Exochorda 270 (38)
Fackellilie **72**, 264 (112)
Fagopyrum 264 (136)
Fagopyrum esculentum **110**, 278, 284
Fagus 270 (35)
Fagus sylvatica 292
Fallopia 264 (139), 276 (102)
Fallopia sachalinensis **111**
Färberwaid 260 (43), 278
Faulbaum **161**, 272 (64), 282
Feinstrahl **122**, 262 (87)
Feldahorn 270 (46)
Felsenbirne 270 (26)
Fenchel 262 (104)
Fettblatt 262 (90)
Fetthenne **49 ff.**, 278
Feuerbohne 266 (143)
Feuerdorn **205**, 272 (62)
Fichte 290
Fieberklee 260 (38)
Fiederspiere **206**, 274 (79)
Filipendula 260 (60)
Filipendula ulmaria **211**
Fingerhut 264 (107), 278
Fingerkraut 258 (11)
Fingerstrauch **207**, 274 (85)
Flammenblume **237**, 258 (21), 266 (145)
Flieder **191**, 270 (32), 282
Flockenblume **123 f.**, 260 (69), 278
Flügelknöterich **111**, 264 (139)
Foeniculum 262 (104)
Fontanesia 274 (78)
Fontanesie 274 (78)
Fragaria 262 (75)
Fragaria ananassa 278, 284
Fragaria vesca 278
Frangula 272 (64)
Frangula alnus **161**, 282
Fraxinus 270 (34, 48)
Fraxinus excelsior 290
Fritillaria 258 (15)
Frühjahrs-Astern 258 (22)
Frühjahrsheide 268 (5)
Fuchsia **186**, 274 (84)
Fuchsie **186**, 274 (84)
Fumaria 260 (68)
Funkie **232**, 264 (125)

***G**agea* 258 (7)
Gaillardia 266 (145)
Galanthus 258 (2)
Galanthus nivalis **38**
Galega 262 (83)
Galeopsis 266 (151)
Galium 262 (99)
Gamander 264 (140), 266 (157), 274 (100), 278
Gänsekresse 258 (9)
Gauklerblume 262 (92)
Gaultheria 274 (84)
Gazania **125**, 262 (93)
Gazanie **125**, 262 (93)
Gedenkemein 258 (31)
Geißbart 262 (74)
Geißklee 272 (49)
Geißraute 262 (83)
Gelbholz 270 (47), 274 (96)
Gelenkblume **169**, 266 (147), 279
Gemswurz 258 (32)
Gemüsekohl 260 (35)
Genista 272 (66)
Gentiana 266 (152)
Geranium 260 (68)
Geranium pratense 281
Geranium x magnificum **243**
Geum 258 (23)
Giersch **54**, 262 (103)
Gilia 264 (128)
Gilie 264 (128)
Ginster 272 (66)
Glanzmispel 272 (63)
Glaucium 264 (118)
Glechoma 258 (31)
Gleditschie **93**, 272 (72)
Gleditsia 272 (72), 282
Gleditsia triacanthos **93**
Glockenblume **69 ff.**, 260 (66), 279
Glockenheide 266 (163)
Goldbaldrian 266 (149)
Golderdbeere 258 (15)
Goldkolben **126**, 264 (125)
Goldkörbchen 260 (43)
Goldlack 258 (30)
Gold-Lauch **36**
Goldmohn 264 (118)
Goldnessel 258 (25), 279
Goldregen 272 (49)
Goldrute **127 f.**, 266 (159), 279
Goldstern 258 (7)
Götterbaum **44**, 274 (77), 282
Grasnelke 264 (115)
Grauheide 274 (79)
Graukresse 262 (98)
Greiskraut **129**, 262 (93)
Grindelia 262 (83)
Gummikraut 262 (83)
Gundermann 258 (31)
Günsel 258 (31)
Günsel, Kriechender 279
Gurke **163**, 262 (79), 279
Gypsophila 262 (83)
Haargurke 262 (102)
Habichtskraut 260 (51)

Hahnenfuß 258 (26)
Hainblume 262 (91)
Hainbuche 290
Halesia 270 (24)
Hanf 266 (161)
Hartheu **85**, 264 (118)
Hartriegel 270 (46)
Hasel **43**, 268 (3), 290
Hasenglöckchen 258 (18)
Hasenlattich 266 (151)
Hauhechel 262 (97)
Hauswurz 262 (81)
Hebe 274 (80)
Heckenkirsche **63 f.**, 270 (44), 282
Hedera 276 (114)
Hedera helix **40**, 282
Hederich **156**, 262 (72), 279
Heide **88 f.**, 276 (102), 282
Heidelbeere 270 (38), 282
Helenium 264 (137)
Helenium autumnale **148**, 279
Helianthemum 262 (98)
Helianthus 264 (130), 266 (164)
Helianthus annuus **147**, 280, 285
Helianthus tuberosus **152**
Heliopsis 266 (159)
Heliopsis helianthoides **146**
Heliotropium 262 (91), 274 (88)
Heliotropium arborescens **196**
Helleborus 258 (1)
Helleborus niger **76**
Hemerocallis 260 (50)
Hepatica 258 (10)
Hepatica nobilis **75**
Heptacodium 276 (111)
Heracleum 264 (113)
Herbst-Anemone 266 (168)
Herbst-Aster 266 (162)
Herbst-Löwenzahn 266 (145), 279
Herbst-Zeitlose **255**, 266 (165), 279
Herzgespann 266 (146), 279
Heuchera 260 (45)
Heucherella 260 (45)
Hibiscus 274 (100)
Hibiscus syriacus **180**
Hieracium 260 (51)
Himbeere 272 (51), 274 (81), 282
Himmelsleiter **238**, 260 (41), 279
Hippocrepis 260 (67), 272 (53)
Hohlzahn 266 (151)
Holunder 272 (70)
Hopfen 266 (154)
Hopfenklee 260 (67)
Hopfenstrauch 274 (79), 282
Hornklee **94**, 260 (65), 279, 284
Hornkraut 258 (23)
Hornmohn 264 (118)
Hortensie 276 (113)
Hosta **232**, 264 (125)
Hufeisenklee 260 (67)
Huflattich **130**, 258 (3)
Humulus 266 (154)
Hundskamille **131**, 264 (114)
Hundszunge 260 (54), 279
Hyacinthoides 258 (18)
Hyacinthus 258 (28)
Hyacinthus orientalis **233**
Hyazinthe **233**, 258 (28)
Hydrangea 276 (113)
Hypericum 264 (118), 274 (92)
Hypericum perforatum **85**
Hyssopus 264 (129)
Hyssopus officinalis 283

Igelgurke 264 (132)
Ilex 272 (62)
Immergrün 272 (55)
Impatiens 264 (125)
Impatiens glandulifera 278
Indianernessel 266 (147)
Inkarnatklee 260 (37)
Inula 264 (124)
Inula salicina **114**
Ipomoea 266 (152)
Iran-Lauch **37**
Isatis 260 (43)
Isatis tinctoria 278

Jakobs-Greiskraut **129**
Jakobskraut 264 (128)
Jasmin 268 (1)
Jasminium 268 (1)
Johannisbeere **240**, 268 (18), 282, 285
Johanniskraut **85**, 274 (92)
Judasbaum 270 (25)
Juglans 272 (70)
Juglans regia 292
Jungfernrebe **252**, 274 (94), 282
Juniperus 292

Kaiserkrone 258 (15)
Kalopanax 274 (96)
Kamille 260 (63, 66)
Kapuzinerkresse **109**, 266 (144)
Karde 266 (156), 279
Katzenminze 262 (80), 280
Kegelblume 258 (3)
Kerbel 258 (22)
Kerria 270 (44)
Kerria japonica **215**
Kiefer 290
Kirsche **209**, 268 (20) , 282, 292
Kirschpflaume **210**, 268 (17), 282
Kitaibelia 264 (117)
Klappertopf 260 (44)
Klarkie 264 (108)
Klee **95 ff.**, 260 (64), 262 (84), 264 (111), 279, 284
Klette **132**, 266 (158)
Klettertrompete 274 (84)
Knautia 260 (50), 281
Kniphofia **72**, 264 (112)
Knöterich **112**, 276 (102), 279
Koelreuteria 274 (95)
Koelreuteria paniculata **230**
Kohl 279
Kohlkratzdistel **135**, 266 (156)
Kohlrabi 260 (35), 279
Kohlrübe 260 (35)
Kokardenblume 266 (145)
Kolkwitzia 272 (62)
Kolkwitzia amabilis **65**
Kolkwitzie **65**, 272 (62)
Königskerze 264 (127)
Korallenbeere 274 (88)
Koriander **55**, 266 (155), 280
Korkbaum 272 (73), 282
Kornblume **133**, 260 (69), 279
Kornelkirsche **86**, 268 (11)
Krähenbeere 272 (50)
Kratzdistel **134 f.**, 262 (105)
Kreuzblümchen 258 (22)
Kreuzdorn 270 (47)
Krokus **223 f.**
Kronwicke 272 (53)
Krötenlilie 266 (167)
Küchen-Zwiebel **39**
Kümmel 260 (39)
Kürbis 264 (116), 279
Kugeldistel **136**, 264 (122), 279
Kuhschelle 258 (6)

Labkraut 262 (99)
Laburnum 272 (49)
Lamium 258 (25)
Lamium album 281
Lamium galeobdolon 279
Lamium maculatum 281
Lamium purpureum **172**
Lampranthus **60**, 264 (141)
Lärche 292
Larix decidua 292
Lathraea 258 (16)
Lathyrus 264 (115)
Lauch 260 (61)
Lavandula 264 (134), 274 (99)
Lavandula angustifolia **170**, 282

Lavatera 264 (134), 278, 281
Lavatera thuringiaca 281
Lavendel **170**, 264 (134), 274 (99), 282
Lebensbaum 268 (3), 292
Leberbalsam 262 (97)
Leberblümchen **75**, 258 (10)
Lederhülsenbaum **93**, 282
Ledum 272 (50)
Leimkraut 260 (50)
Lein 262 (101), 279
Leinkraut 264 (120)
Leontodon 266 (145), 279
Leonurus 266 (146)
Leonurus cardiaca 279
Lerchensporn **182**, 258 (14)
Leucanthemum 262 (95)
Leucojum 258 (2)
Levisticum 264 (108)
Levisticum officinale **56**, 279
Leycesteria 276 (108)
Leycesterie 276 (108)
Liatris 266 (153)
Lichtblume 258 (4)
Lichtnelke 260 (56)
Liebstöckel **56**, 264 (108), 279
Ligularia 264 (125)
Ligularia dentata **126**
Liguster **192**, 274 (78), 282
Ligustrum 274 (78)
Ligustrum vulgare **192**, 282
Lilie **164**, 264 (112)
Lilium **164**, 264 (112)
Limonium 264 (140), 276 (112)
Linaria 264 (120)
Linde **176 ff.**, 272 (71), 274 (90), 276 (105), 282, 292
Linum 262 (101)
Linum usitatissimum 279
Liquidambar 270 (41)
Liriodendon 272 (59)
Lithospermum 260 (38)
Lobelia 264 (120)
Lobelie 264 (120)
Lobularia 264 (108)
Lonicera 270 (44)
Lonicera tatarica **64**, 282
Lonicera xylosteum **63**, 282
Lorbeer-Kirsche **208**, 270 (43)
Lotus 260 (65)
Lotus corniculatus **94**, 279, 284
Löwenzahn **137**, 258 (19), 279
Lunaria 258 (23)
Lungenkraut 258 (7), 279
Lupine 262 (74), 280
Lupinus 262 (74)
Lupinus angustifolius 280
Lupinus luteus 280
Luzerne **98**, 264 (133), 280, 284
Lychnis 260 (56), 274 (89)
Lycium halimifolium 281
Lythrum 262 (79), 281
Lythrum salicaria **251**

***M**aackia* 274 (96)
Mädchenauge **138**, 262 (92)
Mädesüß **211**, 260 (60)
Magnolia 270 (47)
Magnolie 270 (47)
Mahonia 270 (32)
Mahonia aquifolium **42**
Mahonie **42**, 270 (32)
Mais 264 (118)
Majoran 264 (139)
Malus 270 (28, 29), 288
Malus domestica **201**, 281, 285
Malva 264 (117)
Malva moschata **179**
Malva sylvestris 280
Malve **179**, 264 (117), 266 (149), 280
Mandelbäumchen **212**, 268 (23)
Mannstreu **57**, 280
Margerite 262 (95)
Mariendistel 264 (130)
Marrubium 262 (106)
Marrubium vulgare **165**, 278
Märzbecher 258 (2)
Matircaria 260 (63, 66)
Mauerpfeffer 262 (90)
Medicago 260 (67), 264 (133)
Medicago sativa **98**, 280, 284
Meerkohl **157,** 260 (42)
Mehlbeere 270 (45)
Melilotus 264 (110)
Melilotus alba **103**, 281, 285
Melilotus officinalis **102**, 280
Melissa 264 (135), 260 (62)
Melissa officinalis 280
Melisse 264 (135), 280
Mentha 266 (146)
Mentha longifolia 280
Mentha piperita 280
Menyanthes 260 (38)
Mespilus 270 (36)
Milchstern **234**, 258 (28)
Mimulus 262 (92)
Minze 266 (146), 280
Mispel 270 (36)
Mistel 270 (27)
Mittagsblume **60**, 264 (141)
Mohn **183**, 260 (60), 284
Möhre **58**, 264 (114), 284
Monarda 266 (147)
Mondviole 258 (23)
Montbretie 266 (153)
Moosbeere 272 (56)
Muscari 258 (28)
Muscari botryoides **235**
Myosotis 260 (49)
Myosotis sylvatica **197**
Myrrhis 260 (40)

Nachtkerze **187**, 264 (109)
Nachtschatten 266 (154)
Narcissus 258 (18)
Narzisse 258 (18)
Natternkopf **195**, 264 (113)., 280
Nelke 262 (96)
Nelkenwurz 258 (23)
Nemophila 262 (91)
Nepeta 262 (80)
Nepeta cataria 280
Nepeta nuda 280
Nicotiana 266 (144)
Nieswurz 258 (1), 76
Nigella 262 (72)
Nigella damascena **78**, 280
Nyssa 274 (77)

Ochsenzunge 260 (70), 280
Ocimum 264 (116)
Odermennig **213**, 266 (143)
Odontites 266 (146)
Oenothera 264 (109)
Oenothera biennis **187**
Ölrauke 260 (42)
Ölrettich **159**, 260 (57)
Ölweide **193**, 272 (60), 282
Omphalodes 258 (31)
Onobrychis 260 (55)
Onobrychis viciifolia **92**, 278, 284
Ononis 262 (97)
Onopordum 264 (130)
Onopordum acanthium **121**, 278
Origanum 264 (139)
Origanum vulgare **167**, 278
Ornithogalum 258 (28)
Ornithogalum umbellatum **234**
Ornithopus 262 (84)
Ornithopus sativus **101**, 285
Orobanche 262 (81)
Oxalis 266 (144)
Oxalis stricta **222**
Oxydendrum 274 (98)

***P**achysandra* 268 (15)
Paeonia 262 (100), 270 (43)
Palmlilie 274 (97)
Papaver 260 (60)
Papaver orientale **183**

Papaver somniferum 284
Pappel 268 (14), 292
Parthenocissus 274 (94)
Parthenocissus quinquefolia **252**
Parthenocissus tricuspidata 282
Pastinaca 264 (135)
Pastinak 264 (135)
Patrinia 266 (149)
Paulownia 270 (42)
Pavie 272 (59)
Pelargonie 260 (63)
Pelargonium 260 (63)
Penstemon 266 (150)
Perlkörbchen **139**, 266 (144)
Perovskia 276 (112)
Perückenstrauch 270 (42)
Pestwurz **140**, 258 (5)
Petasites 258 (5)
Petasites hybridus **140**
Petersilie 260 (39), 262 (101)
Petroselinum 262 (101)
Pfaffenhütchen 272 (49),
Pfeifenstrauch 274 (82)
Pfingstrose 262 (100), 270 (43)
Pfirsich **214**, 268 (17), 282, 285, 292
Pflaume, Kirschpflaume **210**, 268 (23), 282, 285, 292
Phacelia 262 (89)
Phacelia tanacetifolia **246**, 278, 284
Phaseolus 266 (143)
Phellodendron 272 (73)
Phellodendron amurense 282
Philadelphus 274 (82)
Phlox **237**, 258 (21), 266 (145)
Phlox subulata **237**
Photiana 272 (63)
Phuopsis 262 (85)
Physocarpus 272 (74)
Physocarpus opulifolius **202**, 281
Physostegia 266 (147)
Physostegia virginiana **169**, 279
Phyteuma 260 (51)
Picea 290
Pimpernuss 272 (64)
Pimpinella 264 (121)
Pinus 290
Pinus cembra 292
Pippau 260 (51)
Plantago 260 (53)
Platterbse 264 (115)
Platycodon 264 (142)
Platycodon grandiflorus **68**
Polemonium 260 (41)
Polemonium caeruleum **238**, 279
Polygala 258 (22)
Polygonatum 260 (40)
Populus 268 (14), 292
Porst 272 (50)
Potentilla 258 (11), 274 (85)
Potentilla fruticosa **207**
Prachtscharte 266 (153)
Prachtspiere 264 (131)
Präriemalve 264 (107)
Preiselbeere 272 (56), 282
Prenanthes 266 (151)
Primula 258 (8)
Prunella 264 (121)
Prunkwinde 266 (152)
Prunus 268 (17, 18, 20, 23), 270 (36, 43), 272 (61), 282, 292
Prunus avium 282
Prunus cerasifera **210**, 282
Prunus cerasus **209**
Prunus domestica 285, 292
Prunus laurocerasus **208**
Prunus persica **214**, 282, 285, 292
Prunus serotina 282
Prunus spinosa 283
Prunus triloba **212**
Ptelea 274 (79)
Ptelea trifoliata 282
Pulmonaria 258 (7)
Pulmonaria officinalis 279
Pulsatilla 258 (6)
Purpurbeere 274 (88)
Purpurglöckchen 260 (45)
Puschkinia scilloides 258 (3)
Pycnanthemum 264 (126)
Pyracantha 272 (62)
Pyracantha coccinea **205**
Pyrus 270 (33)
Pyrus communis 281, 285, 288

***Q**uercus* 270 (34), 288
Quercus robur **46**
Quitte 270 (27, 31)

Radieschen 260 (57), 280
Radspiere 270 (38)
Rainfarn **141**, 264 (142)
Ranunculus 258 (15, 26)
Ranunculus ficaria **77**
Ranunkelstrauch **215**, 270 (44)
Raphanus 260 (57), 262 (72)
Raphanus raphanistrum **156**, 279
Raphanus sativus **159**, 280
Raps **158**, 280, 285
Rauke 260 (50), 280
Raynoutria sachalinensis 279
Reiherschnabel 262 (75)
Reseda 264 (119), 280
Reseda odorata **200**
Resede **200**, 264 (119), 280
Rettich, Öl- **159**
Rhabarber 262 (76)
Rhamnus 270 (47)
Rheum 262 (76)
Rhinanthus 260 (44)
Rhododendron **87**, 272 (54), 281
Rhus 272 (75)
Rhus typhina **244**
Ribes 268 (12, 18), 285
Ribes nigrum 282, 285
Ribes rubrum 282
Ribes sanguineum **240**
Ribes uva-crispa **241**, 283, 285
Riesenmalve 264 (117)
Rindsauge 264 (125)
Ringelblume **142**, 264 (114)
Rittersporn 262 (78), 262 (82)
Robinia 272 (58)
Robinia pseudoacacia **99**, 282
Robinie **99**, 272 (58), 282
Rodgersia 262 (77)
Rosa **217**, 272 (67)
Rosa canina **216**
Rose **216 f.**, 272 (67)
Roseneibisch **180**, 274 (100)
Rosmarin 272 (52)
Rosmarinus 272 (52)
Rosskastanie **229**, 270 (37). 274 (93), 282
Rot-Buche 270 (35), 292
Rot-Klee **96**, 264 (111)
Rübsen 280, 285
Rubus 272 (51, 65), 274 (81), 281
Rubus fruticosus **203**
Rubus idaeus 282
Rudbeckia 264 (138)
Rudbeckia fulgida **149**
Rudbeckia laciniata **150**
Rukola 280
Rumex 260 (48)
Ruta 262 (83)
Ruta graveolens 282

Säckelblume **162**, 274 (101)
Saflor 262 (102)
Safran **223**, 258 (2)
Salbei **171**, 260 (65), 272 (68) , 280, 283
Salix 268 (8, 10, 13, 16, 21), 283, 292
Salix aegyptiaca 283
Salix alba **250**
Salix caprea **249**, 283
Salix daphnoides 283
Salix sepulcralis 283

Salix viminalis 283
Salomonssiegel 260 (40)
Salvia 260 (65), 272 (68)
Salvia lavandulifolia **171**
Salvia nemorosa 280
Salvia officinalis 283
Salvia pratensis 280
Salvia verticillata 280
Sambucus 272 (70)
Sanguisorba 264 (141), 266 (152),
Satureja 266 (148), 278
Sauerbaum 274 (98)
Sauerklee **222**, 266 (144)
Saxifraga 260 (40)
Scabiosa 264 (115)
Schafgarbe **143**, 262 (96)
Scharbockskraut **77**, 258 (15)
Schaublatt 262 (77)
Schaumglöckchen 260 (45)
Scheinbeere 274 (84)
Scheineller 276 (103)
Scheinhasel 268 (7)
Scheinquitte **218**, 270 (31), 283
Scheinsonnenhut **144**, 264 (141), 280
Scheinzypresse 268 (3)
Schildblatt 258 (17)
Schlehe 268 (17), 283
Schleierkraut 262 (83)
Schlüsselblume 258 (8)
Schmuckkörbchen **145**, 264 (142)
Schneeball, Duft- **185**, 268 (4)
Schneeball, Gewöhnlicher 274 (82)
Schneebeere **66**, 274 (88), 283
Schneeforsythie 268 (6)
Schneeglöckchen **38**, 258 (2)
Schneeglöckchenbaum **89**, 270 (24)
Schneeheide 268 (5)
Schnittlauch 280
Schnurbaum **100**, 276 (106), 283
Schöllkraut **184**, 260 (52)
Schönfrucht 276 (103)
Schuppenheide 270 (25)
Schuppenwurz 258 (16)
Schwalbenwurz 266 (148)
Schwarzkümmel **78**, 262 (72), 280
Scilla **231**, 258 (6)
Scrophularia 262 (94)
Scrophularia nodosa 278
Sedum 262 (90)
Sedum kamtschaticum **51**, 278
Sedum spectabile **50**
Sedum spurium **49**
Seide 264 (121)
Seidelbast **225**, 268 (2), 283
Seidenpflanze **107 f.**, 274 (86), 280
Seifenkraut 266 (152)
Sempervivum 262 (81)
Senecio 262 (93)
Senecio jacobaea **129**
Senf **160**, 262 (71), 266 (169), 280, 285
Senf-Rauke 260 (42)
Serradella **101**, 262 (84), 285
Serratula **264**
Sicyos 262 (102)
Sida 266 (149)
Sidalcea 264 (107)
Sieben-Söhne-des-Himmels-Strauch 276 (111)
Silberkerze 266 (165)
Silene 260 (50)
Silphium 266 (159)
Silphium perfoliatum **117**, 278
Silybum 264 (130)
Sinapis 262 (71), 262 (73), 266 (169)
Sinapis alba **160**, 280, 285
Sinapis arvense 280
Sisymbrium 260 (50)
Sisymbrium polymorphum 280
Skabiose 264 (115)
Skimmia 270 (43)
Skimmie 270 (43)
Solanum 266 (154)
Solidago 266 (159)
Solidago canadensis **127**, 279
Solidago gigantea **128**, 279
Sommer-Aster 264 (131)
Sommerflieder **45**, 272 (74), 274 (101)
Sommerraps 260 (36)
Sommerrübsen 260 (35)
Sommerwurz 262 (81)
Sonnenauge **146**, 266 (159)
Sonnenblume **147**, 264 (130), 266 (164), 280, 285
Sonnenbraut **148**, 264 (137), 279
Sonnenhut **150**, 264 (138), 144, 149 f.
Sonnenröschen 262 (98)
Sonnenwende **196**, 262 (91), 274 (88)
Sophora 276 (106)
Sophora japonica **100**, 283
Sorbaria 274 (79)
Sorbaria sorbifolia **206**
Sorbus 270 (45)
Sorbus aucuparia 204, 281
Spargel **236**, 264 (111)
Spierstrauch **219**, 272 (53)
Spinnenblume **239**, 266 (160)
Spiraea 272 (53)
Spiraea japonica **219**
Spornblume 260 (49)
Springkraut 264 (125)
Stachelbeere **241**, 268 (12), 283, 285
Stachelesche 274 (80)
Stachys 264 (140)
Stachys lanata 281
Stachys officinalis **175**
Staphylea 272 (64)
Stechpalme 272 (62)
Steinbrech 260 (40)
Steinklee **102 f.**, 264 (110), 280 f., 285
Steinkraut 258 (20)
Steinsame 260 (38)
Stellaria 258 (13)
Stellaria media **190**
Stemmacantha **118**, 262 (73)
Steppenkerze **73**, 262 (73)
Sterndolde 262 (96)
Sternhyazinthe 258 (8)
Sternmiere **190**, 258 (13)
Stiefmütterchen 258 (12)
Stinkesche **199**, 283
Stockrose **181**, 264 (134), 281
Storchschnabel **243**, 260 (68), 281
Strahlengriffel 270 (44)
Strandflieder 264 (140), 276 (112)
Strauchehrenpreis 274 (80)
Strauchpappel 281
Studentenblume **151**, 262 (95)
Succisa 264 (135)
Sumpfdotterblume 258 (9)
Sumpf-Porst 272 (50)
Surenbaum 274 (78)
Süßdolde 260 (40)
Symphoricarpos 274 (88)
Symphoricarpos albus **66**, 283
Symphytum 260 (62)
Symphytum officinalis 278
Syringa 270 (32)
Syringa japonica 282
Syringa vulgaris **191**

Tabak 266 (144)
Tagetes 262 (95)
Tagetes tenuifolia **151**
Taglilie 260 (50)
Tamariske 272 (55)
Tamarix 272 (55)
Tanacetum 264 (142)

Tanacetum vulgare **141**
Taraxacum officinale 258 (19), 279
Taraxacum sectio Ruderale **137**
Tarenaya hassleriana **239**, 266 (160)
Taubnessel **172**, 258 (25), 281
Taxus 268 (7)
Taxus baccata **59**
Tellima 258 (24)
Tetradium 276 (107)
Tetradium daniellii **199**, 283
Teucrium 264 (140), 266 (157), 274 (100), 278
Teufelsabbiss 264 (135)
Teufelskralle 260 (51)
Thalictrum 260 (48)
Thalictrum flavum **81**
Thuja 268 (3)
Thuja occidentalis 292
Thymian **173 f.**, 262 (90), 274 (87), 281, 283
Thymus 262 (90), 274 (87)
Thymus pannonicus **173**
Thymus pulegioides 281
Thymus serpyllum 281
Thymus vulgaris 281, 283
Thymus x citriodorus **174**
Tiarella 260 (46)
Tilia 272 (71), 274 (90), 276 (105), 282, 292
Tilia platyphyllos **178**, 282
Tilia tomentosa **177**, 282
Tilia x vulgaris **176**
Tollkirsche 262 (78)
Toona 274 (78)
Topinambur **152**, 266 (164)
Tradescantia 262 (87)
Tradescantia x andersoniana **113**
Tragant 262 (80)
Tragopogon 260 (42)
Traubenhyazinthe **235**, 258 (28)
Traubenkirsche 270 (36), 272 (61)
Tricyrtis 266 (167)
Trifolium 260 (37, 64), 262 (84, 105), 264 (111)
Trifolium hybridum **95**, 279, 284
Trifolium incarnatum 279, 284
Trifolium pratense **96**, 279, 284
Trifolium repens **97**, 279, 284
Trifolium resupinatum 279
Trollblume 258 (29)
Trollius 258 (29)
Trompetenbaum **245**, 274 (91)
Tropaeolum 266 (144)
Tropaeolum majus **109**
Tulpenbaum 272 (59)
Tupelobaum 274 (77)
Tussilago farfara **130**, 258 (3)

Ulme 268 (14), 283, 292
Ulmus 268 (14), 292
Ulmus foliacea 283
Unform **104**, 274 (77), 283

V*accinium* 272 (56), 270 (38), 282
Valeriana 264 (107)
Valeriana officinalis **61**
Veilchen 258 (12)
Verbascum 264 (127)
Verbena 266 (148)
Vergissmeinnicht **197**, 260 (49)
Veronica 258 (33)
Veronica persica **248**
Veronica spicata 278
Veronicastrum virginicum **247**, 260 (90)
Viburnum farreri **185**, 268 (4)
Viburnum opulus 274 (82)
Vicia 260 (57), 262 (80, 103)
Vicia faba 278, 284
Vicia villosa **106**, 281, 285
Vinca 272 (55)
Vincetoxicum 266 (148)
Viola 258 (12)
Viscum 270 (27)
Vitis 272 (73)
Vitis vinifera **253**

Wacholder 292
Wachsblume 260 (47)
Waldrebe **79 f.**, 272 (69)
Waldsteinia 258 (15)
Walnussbaum 272 (70), 292
Wasserdost **153**, 264 (139), 281
Wegerich 260 (53)
Wegewarte **154**, 264 (131), 281
Weide **249 f.**, 268 (8, 10, 13, 16, 21), 283, 292
Weidenröschen **188**, 262 (79), 281
Weiderich **25**, 262 (79), 281
Weigelia florida **67**, 272 (62)
Weigelie **67**, 272 (62)
Wein, Wilder **252**, 274 (94)
Wein-Raute 262 (83)
Weinrebe **253**, 272 (73)
Weiß-Buche 270 (35)
Weißdorn **220**, 270 (46), 283
Weißtanne 292
Wermut 266 (166)
Wicke **106**, 262 (80), 285
Wiesenknopf 264 (141)
Wiesen-Knöterich 260 (47)
Wiesenraute **81**, 260 (48)
Wiesenschaumkraut 258 (21)
Wilder Wein **252**, 274 (94)
Winde **254**
Windröschen **82**, 258 (10)
Winterblüte 268 (1)
Winterling **83 f.**, 258 (1), 281
Winterraps **158**, 258 (34)
Winterrübsen 258 (27)
Wirbeldost 264 (120)
Wisteria 270 (39)
Witwenblume 260 (50), 281
Wohlverleih 262 (84)
Wolfsmilch 262 (75)
Wucherblume 262 (88)
Wundklee **105**, 260 (56)

X*anthophthalmum* 262 (88)

Ysander 268 (15)
Ysop 264 (129), 283
Yucca 274 (97)

Zahntrost 266 (146)
Zanthoxylum 274 (80)
Zaunrübe 262 (94)
Zaunwinde 262 (88)
Zea 264 (118)
Zichorie 264 (131)
Zier-Birne 270 (33)
Zierkirsche 268 (23)
Zierquitte 270 (31)
Ziest **175**, 264 (140), 281
Zimbelkraut 262 (94)
Zinnia 264 (109)
Zinnia elegans **155**
Zinnie **155**, 264 (109)
Zirbelkiefer 292
Zistrose 262 (97)
Zitronenmelisse 260 (62), 280
Zottelwicke **106**, 260 (57), 281
Zucchini 264 (116)
Zwergmispel **221**, 272 (57), 283
Zwetschge 282
Zwiebel 260 (61), 281

Impressum

BILDNACHWEIS
251 Farbfotos wurden von Günter Pritsch für dieses Buch aufgenommen. Weitere Farbfotos von Toni Angermeyer (4, Seite 31, 32, 33), Gabriele Huber-Schabel (1, Seite 23) und Bettina Paulisch (1, Seite 110).

Farb-Illustrationen von Marianne Golte-Bechtle/Kosmos (127), Sigrid Haag/Kosmos (3, Seite 43, 149, 216) und Gerhard Kohnle/Kosmos (1, Seite 147).

IMPRESSUM
Umschlaggestaltung von Gramisci Editorialdesign unter Verwendung von Farbfotos von Arco Images/imageBROKER/Harry Laub (Vorderseite) und Günter Pritsch (Rückseite).

Mit 257 Farbfotos, 131 Farbzeichnungen und 11 Schwarzweißzeichnungen

Gedruckt auf chlorfrei gebleichtem Papier

2., aktualisierte und erweiterte Auflage

ISBN 978-3-440-15991-0
Redaktion: Claudia Salata
Redaktion der Neuausgabe: Angela Beck
Gestaltungskonzept: Peter Schmidt Group GmbH, Hamburg
Gestaltung und Satz: Doppelpunkt, Stuttgart
Produktion: Andrea Hehn
Druck und Bindung: Printer Trento
Printed in Italy / Imprimé en Italie